U0210180

第一推动丛书: 生命系列
The Life Series

人鸟与共
Sentinel Chickens

[澳] 彼得·多尔蒂 著　李绍明 译
Peter Doherty

湖南科学技术出版社

THE
FIRST
MOVER

总　序

《第一推动丛书》编委会

科学，特别是自然科学，最重要的目标之一，就是追寻科学本身的原动力，或曰追寻其第一推动。同时，科学的这种追求精神本身，又成为社会发展和人类进步的一种最基本的推动。

科学总是寻求发现和了解客观世界的新现象，研究和掌握新规律，总是在不懈地追求真理。科学是认真的、严谨的、实事求是的，同时，科学又是创造的。科学的最基本态度之一就是疑问，科学的最基本精神之一就是批判。

的确，科学活动，特别是自然科学活动，比起其他的人类活动来，其最基本特征就是不断进步。哪怕在其他方面倒退的时候，科学也总是进步着，即使是缓慢而艰难的进步。这表明，自然科学活动中包含着人类的最进步因素。

正是在这个意义上，科学堪称为人类进步的"第一推动"。

科学教育，特别是自然科学的教育，是提高人们素质的重要因素，是现代教育的一个核心。科学教育不仅使人获得生活和工作所需的知识和技能，更重要的是使人获得科学思想、科学精神、科学态度以及科学方法的熏陶和培养，使人获得非生物本能的智慧，获得非与生俱来的灵魂。可以这样说，没有科学的"教育"，只是培养信仰，而不是教育。没有受过科学教育的人，只能称为受过训练，而非受过教育。

正是在这个意义上，科学堪称为使人进化为现代人的"第一推动"。

近百年来，无数仁人志士意识到，强国富民再造中国离不开科学技术，他们为摆脱愚昧与无知进行了艰苦卓绝的奋斗。中国的科学先贤们代代相传，不遗余力地为中国的进步献身于科学启蒙运动，以图完成国人的强国梦。然而可以说，这个目标远未达到。今日的中国需要新的科学启蒙，需要现代科学教育。只有全社会的人具备较高的科学素质，以科学的精神和思想、科学的态度和方法作为探讨和解决各类问题的共同基础和出发点，社会才能更好地向前发展和进步。因此，中国的进步离不开科学，是毋庸置疑的。

正是在这个意义上，似乎可以说，科学已被公认是中国进步所必不可少的推动。

然而，这并不意味着，科学的精神也同样地被公认和接受。虽然，科学已渗透到社会的各个领域和层面，科学的价值和地位也更高了，但是，毋庸讳言，在一定的范围内或某些特定时候，人们只是承认"科学是有用的"，只停留在对科学所带来的结果的接受和承认，而不是对科学的原动力 —— 科学的精神的接受和承认。此种现象的存在也是不能忽视的。

科学的精神之一，是它自身就是自身的"第一推动"。也就是说，科学活动在原则上不隶属于服务于神学，不隶属于服务于儒学，科学活动在原则上也不隶属于服务于任何哲学。科学是超越宗教差别的，超越民族差别的，超越党派差别的，超越文化和地域差别的，科学是普适的、独立的，它自身就是自身的主宰。

　　湖南科学技术出版社精选了一批关于科学思想和科学精神的世界名著，请有关学者译成中文出版，其目的就是传播科学精神和科学思想，特别是自然科学的精神和思想，从而起到倡导科学精神，推动科技发展，对全民进行新的科学启蒙和科学教育的作用，为中国的进步做一点推动。丛书定名为"第一推动"，当然并非说其中每一册都是第一推动，但是可以肯定，蕴含在每一册中的科学的内容、观点、思想和精神，都会使你或多或少地更接近第一推动，或多或少地发现自身如何成为自身的主宰。

再版序
一个坠落苹果的两面：
极端智慧与极致想象

龚曙光

2017年9月8日凌晨于抱朴庐

连我们自己也很惊讶，《第一推动丛书》已经出了25年。

或许，因为全神贯注于每一本书的编辑和出版细节，反倒忽视了这套丛书的出版历程，忽视了自己头上的黑发渐染霜雪，忽视了团队编辑的老退新替，忽视了好些早年的读者已经成长为多个领域的栋梁。

对于一套丛书的出版而言，25年的确是一段不短的历程；对于科学研究的进程而言，四分之一个世纪更是一部跨越式的历史。古人"洞中方七日，世上已千秋"的时间感，用来形容人类科学探求的日新月异，倒也恰当和准确。回头看看我们逐年出版的这些科普著作，许多当年的假设已经被证实，也有一些结论被证伪；许多当年的理论已经被孵化，也有一些发明被淘汰……

无论这些著作阐释的学科和学说属于以上所说的哪种状况，都本质地呈现了科学探索的旨趣与真相：科学永远是一个求真的过程，所谓的真理，都只是这一过程中的阶段性成果。论证被想象讪笑，结论被假设挑衅，人类以其最优越的物种秉赋——智慧，让锐利无比的理性之刃，和绚烂无比的想象之花相克相生，相否成成。在形形色色的生活中，似乎没有哪一个领域如同科学探索一样，既是一次次伟大的理性历险，又是一次次极致的感性审美。科学家们穷其毕生所奉献的，不仅仅是我们无法发现的科学结论，还是我们无法展开的绚丽想象。在我们难以感知的极小与极大世界中，没有他们记历这些伟大历险和极致审美的科普著作，我们不但永远无法洞悉我们赖以生存的世界的各种奥秘，无法领略我们难以抵达世界的各种美丽，更无法认知人类在找到真理和遭遇美景时的心路历程。在这个意义上，科普是人类极端智慧和极致审美的结晶，是物种独有的精神文本，是人类任何其他创造 —— 神学、哲学、文学和艺术都无法替代的文明载体。

在神学家给出"我是谁"的结论后，整个人类，不仅仅是科学家，也包括庸常生活中的我们，都企图突破宗教教义的铁窗，自由探求世界的本质。于是，时间、物质和本源，成为了人类共同的终极探寻之地，成为了人类突破慵懒、挣脱琐碎、拒绝因袭的历险之旅。这一旅程中，引领着我们艰难而快乐前行的，是那一代又一代最伟大的科学家。他们是极端的智者和极致的幻想家，是真理的先知和审美的天使。

我曾有幸采访《时间简史》的作者史蒂芬·霍金，他痛苦地斜躺在轮椅上，用特制的语音器和我交谈。聆听着由他按击出的极其单调的金属般的音符，我确信，那个只留下萎缩的躯干和游丝一般生命气息的智者就是先知，就是上帝遣派给人类的孤独使者。倘若不是亲眼所见，你根本无法相信，那些深奥到极致而又浅白到极致，简练到极致而又美丽到极致的天书，竟是他蜷缩在轮椅上，用唯一能够动弹的手指，一个语音一个语音按击出来的。如果不是为了引导人类，你想象不出他人生此行还能有其他的目的。

无怪《时间简史》如此畅销！自出版始，每年都在中文图书的畅销榜上。其实何止《时间简史》，霍金的其他著作，《第一推动丛书》所遴选的其他作者的著作，25年来都在热销。据此我们相信，这些著作不仅属于某一代人，甚至不仅属于20世纪。只要人类仍在为时间、物质乃至本源的命题所困扰，只要人类仍在为求真与审美的本能所驱动，丛书中的著作便是永不过时的启蒙读本，永不熄灭的引领之光。

虽然著作中的某些假说会被否定，某些理论会被超越，但科学家们探求真理的精神，思考宇宙的智慧，感悟时空的审美，必将与日月同辉，成为人类进化中永不腐朽的历史界碑。

因而在25年这一时间节点上，我们合集再版这套丛书，便不只是为了纪念出版行为本身，更多的则是为了彰显这些著作的不朽，为了向新的时代和新的读者告白：21世纪不仅需要科学的功利，还需要科学的审美。

当然，我们深知，并非所有的发现都为人类带来福祉，并非所有的创造都为世界带来安宁。在科学仍在为政治集团和经济集团所利用，甚至垄断的时代，初衷与结果悖反、无辜与有罪并存的科学公案屡见不鲜。对于科学可能带来的负能量，只能由了解科技的公民用群体的意愿抑制和抵消：选择推进人类进化的科学方向，选择造福人类生存的科学发现，是每个现代公民对自己，也是对物种应当肩负的一份责任、应该表达的一种诉求！在这一理解上，我们不但将科普阅读视为一种个人爱好，而且视为一种公共使命！

牛顿站在苹果树下，在苹果坠落的那一刹那，他的顿悟一定不只包含了对于地心引力的推断，也包含了对于苹果与地球、地球与行星、行星与未知宇宙奇妙关系的想象。我相信，那不仅仅是一次枯燥之极的理性推演，也是一次瑰丽之极的感性审美……

如果说，求真与审美是这套丛书难以评估的价值，那么，极端的智慧与极致的想象，就是这套丛书无法穷尽的魅力！

目录

第1章
小引：寻找海雀

　　今天运气不错，终是该当遇上海雀的日子。我们的假期之旅总共10天，今天是第8天了，还是没见海雀的影子。倒不是游客太多，把它们吓跑了。我们的小船，统共才搭乘80名游客。在这个2010年的夏季，我们还是头一波在此登陆的。我们的路线，先是华盛顿州西雅图湖，过巴拉德船闸，到普吉海峡，然后往北，一头扎到圣胡安群岛，接着过英属哥伦比亚去阿拉斯加，到终点朱诺下船。一路之上，整个修整完备的内航道差不多由我们独占了。

　　半道上也数度往边上岔开，看了几处冰川奇景，几处散户社区，整个旅程极之享受，至少对那些意在放松的旅伴是这样的。他们要的，只是能走出船舱，站到有时会结冰的甲板上，看见野物。每个包舱，都配有两架大倍数望远镜 —— 当然并不打包票说，我们一定就能看到导游书上描述的所有物种。

　　话说回头，看见的那些海洋和陆地哺乳动物已然超过了我们的预期。我们依次看过斑海豹，海狮，逆戟鲸，座头鲸，道尔氏鼠海豚（Dall's porpoises），鹿，岩山羊，还有黑熊和棕熊。除此之外，我们还看见海獭仰泳而过，一个个头尾往上翘着，像是随波逐浪的黑色小书立。

早些时，我们已经看到过海雀的本家，一种犀角小海雀（rhinoceros auklet），还看到了庞然大物如扁嘴海雀（murrelets）和海鸠（guillemots），然后是鸬鹚，燕鸥和各式各样的海鸥。看鸟的最佳季早已错过，看到的这些，大多数已经够新鲜，够让人着迷了。随着年齿的增长，一种新兴趣的开发对人生乃是一份出人望外的利好。常见的鸟类，当然大多已是自己的熟客。整个内航道，随处都是白头海雕和渡鸦（Corvus corax）的身影。它们像通勤水陆两栖飞机一样无处不在，机警地停泊在方便起飞的地点，随时准备腾空而起，在人类定居点的海景线处画弧画圈或下扎上窜。从船上，我们能确定无误地跟踪有花斑的白头海雕低空掠过，还有一些则从原始森林高树上的鸟巢里往外探头。有一只海雕，在崩裂的浮冰上危立不动，忽然就戏剧性地腾身而起，俯冲到冷到冰点的海面，再度腾空而起时，爪子间乃紧扣着一条大鱼。

高高在上、无所不见的鹰，一向是相比之下短命帝国的象征，从古罗马，到拜占庭和沙皇俄国，直到今日的美利坚。在彼得斯堡那个阿拉斯加渔港的码头边，我痴痴地盯看不远处一根高柱之上栖止的长够个头的小鹰，很快就意识到，它至少也在同样密切地检视着我。鹰类的双面视觉，加上更敏锐的视网膜和更广的色谱视力，给了它们（以及所有猛禽）非凡的视觉敏度。它看我比我看它清楚得多。然而，人们在鹰的象征中借重它无所不见的能力更甚于它作为卫生模范的地位，这还是颇耐寻味的，尽管实际上后者才是它在自然界最重要的角色。在我们阿拉斯加之旅的早些时候，我们已经在望远镜里看到几只渡鸦和一大群白头海雕，大部分未成年，怎样把搁浅的死鲸剥了个精光。

　　作为偶像的白头海雕当然只见于北美洲。相比而言，渡鸦则广泛分布在这个星球上，在我住过的地方，到处都能见到它们。在阿拉斯加，我们看到的是渡鸦，这和有名的伦敦塔渡鸦是同一个种。在伦敦塔对跖点的澳洲，我们的后院则时或作着小渡鸦（Corvus mellori）的寄宿处。（在这本书里，我坚持只用各种鸟的俗名，但书后附有一个拉丁文双名制的学名清单，可以参看。）

　　用鸟作象征是有力的。北美土著特陵吉特人（Tlingit）分为"鹰族"和"乌鸦族"。在梅特拉卡特拉的族裔祠堂里，我们看到过也听说过一点特陵吉特文化。梅是一个小镇，像内航道上许多小镇一样，只有空中和水路与外界相通。根据传统，鹰族的人只能与乌鸦族的人婚配；这样很合于道理，能有效地防止近亲结婚，遗传疾病。不过，特陵吉特人于鸟类还不光注意到鹰和乌鸦。他们也跟海雀有联系，但这种联系稍为不同，更实用主义些。他们的先人利用手头的资源，收取成群的海雀，图的是它们的肉、皮和蛋。

　　我对海雀的痴迷没这么功利。它们有橙黄色的喙和矮矮壮壮的体型，真的是人见人爱。它们像小孩子一样，脑袋和身子比起来显得较大。这大约就是"企鹅丛书"面向儿童的系列使用了可爱的海雀作为图标的原因吧。我曾在苏格兰住过一段。苏格兰是常能见到海雀的地方，可是说来可悲，它就是没给我碰见过。所以，当我们的小船轻轻开着马达荡近南卵石岛的鸟类保护区时，我一直大瞪着两眼，巴巴地等待着我命里的第一只海雀。

然后，由于它们那些亮黄的喙，丝毫不爽的景象出现了：到处都是海雀，空中是，水里是，硗确石岛那些陡峭崖边上三五成群的全都是：它们是在石崖上打洞做窝的。啊吆妙哉！俺终于走进了凤头海雀自家的封地了。所谓"凤头"，也称为"垂旒（tails）"，就是两根金发似的羽毛，从头后对称地披下来，这将它们跟出角海雀（horned puffins）区别开来（出角海雀更不常见，得再往北走才能见到），而跟大西洋海雀更为相近——被用作"海雀丛书"图标的正是大西洋海雀。

从照相机的长焦镜头里，我不难看出，凤头海雀翼短身矬，恐怕不长于飞行。它们费老大劲才能飞起来，在水里时，也得抻着脖子，疾速拍打翅膀，协助着长蹼的双脚，以获得额外的推力。海雀到底是潜水和打渔的行家里手，在水下那是游刃有余。而它们能逃过19世纪的肆意猎捕，或许就归功于它们的居然能飞。它们那体型大得多、完全不会飞的表亲大海雀（the great auk），就没有逃过灭种的厄运。

尽管如此，海雀也没能免于人类的盘剥。除了被特陵吉特人当食物，它们还曾遭到挪威人的捕猎。挪威人为捕猎海雀，专门培育出六趾伦德猎犬（the six-toed lundehund），帮他们把海雀和海雀蛋从洞穴里刨出来。当然，自然界里，每一个物种都要以另一种或数种生命形式为食，不吃植物就得吃动物。只有当这种关系失去平衡时，我们才发现自己面临饿死的危险和不可挽回的物种损失的厄运——当今世界上许多海洋捕捞企业就是这样的例子。

人类是足够灵活的，完全可以改变自己的维生体系。传统的渔民也可以改做别的行当，比如制作旅游纪念品啦，当导游啦，或者，出海行劫也能活下去啊。鸟类就没有这许多选择。于是，海鸟的数量满地球都在减少。阿拉斯加还不错，在商业捕捞与维持可持续种群数量之间做到了谐调；我们在内航道沿途看到了这么多种类的鸟，这也是原因之一。我们的目标，就是要对全世界的所有湖泊、水道和海洋实行及时和明智的管理。在谋求保证自己的食物需求时，一定要把更广阔的自然界的福祉谨记在心。物种多样性的丧失，以无量数的方式影响到我们所有人，从实际方面，直到科学和美学方面。

* * *

看了最后一眼南卵石岛里里外外的海雀，海狮，北极燕鸥和白头海雕，我们起锚北进，在朱诺结束了亲力亲为的发现之旅。在那里，小船抛下我们，开始它返航的行程。

两天后，经过了被飞机误点折腾的一整天，我们回到墨尔本，近三个星期以来头一次打开电视看晚间新闻。有关墨西哥湾大量原油泄漏的报道有增无已。泄漏是由英国石油公司的深水地平线钻井平台爆炸所引起的。电视和报纸都展示了每次例有、已成标配的油污鹈鹕图片。生态环境保护者们一直揪心肉毒中毒等疾病对于美洲褐鹈鹕的威胁，可是，跟一次大规模漏油相比，那样的危险真是小菜一碟。水里有油，所有海鸟都要遭殃。1995年的事件发生后我们没在澳大利亚，所以错过了"铁大爷"号（the Iron Baron）在北塔斯曼尼亚搁浅后满身油污的仙女企鹅（fairy penguin）的悲惨景象。那次灾难才涉及350

来吨船用燃料油。1989年，在阿拉斯加，"瓦尔迪兹"号（the Exxon Valdez）在威廉王子海峡撞上了布莱礁，发生的泄漏百倍于此，据认为造成了不少于13 000只凤头海雀的死亡，而受害最严重的，还要数它们的亲戚海鸠（the pigeon guillemots）。

我们得加倍小心，尊重个中的科学规律，换言之，就是伴随着人口的增长和富足、高消费的生活方式而来的自然栖息地日益恶化，将不可避免地导致许多鸟类的灭绝。举个例子。小草原鸡（the lesser prairie chicken），松鸡家族的成员，受到人类开发的威胁，引起了高度关注。这样的开发减少了它们赖以生存的沙丘和沙地草原的灌木蒿（sagebrush）生态系统，从堪萨斯，到得克萨斯沙丘带，到科罗拉多东南部和新墨西哥，莫不如此。松鸡在英国面临不同的威胁；本书稍后将讨论这些威胁，及对此采取的保护行动。同样，美国的爱鸟社团也在做出种种努力，以保证小草原鸡的存续。当然，这些行动有赖于志愿者的工作，需要的就是对大自然的热爱和投身于行动之中。

再就是，我们硬化大片土地用于建房，或者为了修建高消费的高尔夫度假区而"重建"湿地，使得自然栖息地持续恶化。在整个西太平洋地区，爱鸟人士都为亚洲发生的事态深感忧虑。由于沿海潮泥滩的"开发"，海螺和贻贝等大大减少，那些年复一年在我们小小星球的远北和极南间来回通勤的长途迁徙物种失去了食物来源。

像原油泄漏这样的戏剧性事件造成的灾难性后果，尚属显而易见的；而其他问题，除非我们置身事内，通常不为人知。全美奥杜邦学会（National Audubon Society）、英国皇家鸟类保护学会

（Royal Society for the Protection of Birds）和澳洲鸟类天地（Bird Life Australia）等民间组织的成员被动员起来，监测自然栖息地恶化和气候变化给各种候鸟和留鸟带来的影响；然而，这种按部就班的行动方式并不能引起媒体的关注，因而大多是默默无闻地进行着。在我们的阿拉斯加旅程中，我们参观了设在锡特卡的猛禽中心，看到了大型猛禽撞上输电线或被废弃的渔网缠住的种种惨状。中心救治过的一些鹰、隼和猫头鹰等，受伤严重到永远不能重归野外。这些景象往常不会让我很纠结，可现在，每当我开车经过乡野，或在海滩上看见垂钓者将弄坏的渔具随手丢弃时，那些画面便会梗上我心头。更为人熟知的是为尽量少用塑料袋的努力。漂浮的塑料会缠住海鸟。成团的塑料袋被当作食物吞下，会噎死大鸟和它们的雏鸟。

至于可称之为"人鸟界面"的人鸟关系之方方面面，则更不足以吸引公众的眼球，而这就是我职业生涯的一部分。我早期接受的训练是在兽医病理学领域。我研究感染与免疫将近50年，过去30余年间的研究工作则集中于流感。大约40年前，病毒学家和传染病学家开始了解到，对人类而言极其凶险的甲型流感病毒的主要存身之处是各种水鸟。这一发现对人和动物的疾病有着深刻的涵义。20世纪中叶以来，人口和家禽种群数量的巨大增长，影响到了流感病毒与野生鸟类和哺乳物种之间的平衡。多年以来，我有幸从调查各种鸟类问题的人士那里听说了一些趣味横生的描述。由于我在生物医学方面小有名气，早年又有动物健康方面的背景，有些兽医学校就经常请我去作讲谈。比如，2009年，我第一次去了南非兽医学院翁德斯特波特分院，那是一所很好的学校，离比勒陀利亚不远。学院院长、药理学家杰里·斯旺（Gerry Swan），给我讲述了印第安秃鹰的神秘死亡，而他和他的同事又如何找出了解救之方。于是又带出了一连串极有趣却鲜为人知的故事：对于鸟类和鸡胚胎的研究如何导致一些长足的进展，人们借以深入理解了一些人类传染病和其他疾病，包括癌症。

所以，这本书的主旨，就是要探索自然界、鸟类和人类之间的互动。这一探索超越了素常的社会主题和环境主题，进而探讨一片较为阴暗的领域——病理学，毒物和瘟疫。很清楚，这一切反映着人类的活动，而作为关注环境的个人要想到，如何将负面的影响减到最少，这责任全在我们身上。诚然，职业科学家和那些有能力影响媒体视听的人士将起到重要的作用；然而，无论我们有没有受过正规的科学训练，为做出关于大自然状况的关键观察，我们每一个人都是潜在的"公民-科学家"。在随后的篇章里，这个主题将反复出现。

鸟类也有着重要的监测功能。我们这门自由飞翔、活动范围广阔的亲戚，在作着我们的哨兵，替我们巡查空气、海洋、森林和草原的健康状况；我们和它们以及这个星球上的其他复杂生命形式分享着这一切。许多鸟类物种在全球范围迁徙，所以，我们理应知道一点自己世界的南方和北方发生着什么。要让我们（和它们）受益于它们带回的讯息，我们只有努力获知它们的状况，并让广大公众获知这些发现。我在随后篇章里讲述的故事是相对而言很少人知道的，即使那些最最投入的鸟类发烧友对之也所知无多。我经常跟医学界的朋友们谈论这些故事，我发现，就连他们也觉得新奇而兴致勃勃。所以我抱有最好的希望：希望这本书能给你带来愉悦，带来知识，也带来挑战，让你进而投入行动。

第2章
远 亲

　　各位想必都听说过煤矿里金丝雀忽然停止歌唱的故事。岂但停止了歌唱，而且由于中了煤矿的毒气，它们不能直立，朝前佝偻着，那时候煤矿工人却没有明显的症状。（英国早期煤矿有用金丝雀预警甲烷之俗。"煤矿里的金丝雀"遂有"预警"或"凶兆"之义。——译者）为什么金丝雀比人脆弱呢？一向有个理念，就是鸟类可以做我们的哨兵，给我们提供早期预警，警告我们自然界有什么潜在的威胁。这个理念立刻生发出几个问题：鸟类跟我们这样的哺乳动物有哪些相似之处？又有哪些地方跟我们不同呢？

　　你不必非得是一个比较解剖学家，甚至也用不着是一个最最初级的生物学爱好者，才能意识到这个：鸟类也是脊椎动物，所以是我们的远房本家。然而，它们那航空家的生活方式，又加给它们一些额外的要求：鸟类的骨架跟哺乳动物骨骼的模本大为不同。尽管鸟类也有颇长寿的，比如一些鹦鹉就能活上70岁，但它们不像我们这样常常苦于腰疼，因它们的下部脊柱跟扩大的骨盆融合在一起了。这一解剖学特点有助于它们解决跟着陆相关的冲击问题，而结构的坚实，对于支持飞行中肌肉、筋腱、骨骼、皮肤和羽毛的强有力活动是必需的。不仅如此。尽管人类跟鸟类和部分恐龙［比如暴龙（*Tyrannosaurus*

Rex）］都有两足动物的特征，也就是靠两条腿走路，但它们获得直立姿态的方式大不相同。

我们的器官、脊柱和双腿在一个直立平面上排成一线，然而，鸟类（包括不会飞的鸸鹋和鸵鸟）和两足类恐龙的躯体是横向的。因此之故，鸟类就有更多数量的颈椎骨（13～25块，相比于我们的7块），造成非常灵便的脖子，让鸟头可以向两边广角动转。在地上时，鸟类保持身体平衡靠的是脖子上伸，尾巴协助，并且把支持身体的两腿调整到躯体的中点附近。这样做的结果是，它们的上腿骨，也就是股骨，必须横向，跟躯体一顺，常常隐藏在毛羽之下，而不像我们的大腿一样站立时竖直。瞥一眼鸟类的腿骨就能发现，我们能看到的最高处乃是它们长到一起的胫骨和腓骨，相当于人类的小腿，在胫腓骨的下面，乃是融合的踝骨，相当于我们的跗骨。鸟类的"膝盖"，实际是它的胫跗关节，这才相当于我们的脚踝。虽然企鹅看上去像是身穿晚礼服的直立人类，但它们骨骼的排列方式基本是鸟类的。

设计任何会飞的东西，生物也好，机器也罢，都要认真考虑动力/重量比。双翼取代了哺乳动物前肢的地位。鸟类更加多孔的骨头简直掏成了空洞，使得负载大为减轻。把鸟类拉起离开地面，需要庞大的屈肌（胸肌）；而庞大的胸肌需要足够的附着面，于是，锁骨融合到了一起——在鸡类为叉骨——胸骨则往下延伸，形成一根深插往下的竖直"龙骨"。企鹅尽管不会飞，但也保有那块胸骨，以支撑它们用来游泳的肌肉；而尽管它们不需要离开地球，它们拥有较重的骨骼也不能算是造物的惩罚：它们需要密度较高的骨骼来支撑庞大的肌肉群，以驱动它们在密度较高的媒介，也就是水中，快速前进。我们那些体格较大的陆生羽界朋友，像鸵鸟、鸸鹋、食火鸡、美洲鸵和几维鸟等，同样拥有较重的骨骼，它们却不那么"鸡胸"巍峨，因它们的前肢不需要做那样繁重的工作。职是之故，这些大鸟被归为"走禽类（ratites）"，这个术语跟 rodents（啮齿类动物）毫无关系，而是来自拉丁文的 ratis，指涉的是它们那橡皮筏一样平板的胸骨，以相对于龙骨状的胸骨。

尽管训练有素的人腿，其强大屈肌能驱使踏板动力、轻若蛛丝的飞行器，哪怕距离很短也可以作数，然而，就连那些最优秀的运动员，也没有足够的肌肉和必要的附着骨，所以他们无法将扑动式的翅膀使转自如，就连随便扑动两下也办不到。在任何能想出的解剖学现实世界，飞翔的小天使和大天使是完全出局的；声称伊卡洛斯和他的父亲（希腊神话，伊卡洛斯与父亲代达罗斯用蜡和羽毛造翼，逃离克里特，伊因飞得太高，翼上的蜡被太阳融化，跌落水中丧生，葬在一个海岛上。——译者据百度）能用扑动式翅膀飞行，直接就把他们送进了神话的天地。

从平地或海面起飞，是反抗万有引力的逆天本领。做成这事，需要巨量的能量，这又意味着肌肉组织要得到很多氧气，因身体要燃烧葡萄糖为肌肉机器提供能量。与此同时，终端产物二氧化碳也需要及时丢弃。哺乳动物和鸟类都有肺，肺里有不断分叉、越分越细的管子，最终成为毛细气管。毛细气管与毛细血管之间的屏障极为微妙，间壁极薄，以便于不停循环的血红细胞接触到新鲜空气，于是排出二氧化碳，摄入氧气。但是，在空气到达最后的、单层细胞组成的气−血界面之前，空气所由传输的管道系统，鸟类的和哺乳动物的大不相同。

鸟类演化出一套更加复杂的单向溢流道式的呼吸系统，而哺乳动物的肺尽管较大，却较简单，吸入的新鲜空气跟呼出的废气在肺里混合在一起，直到终端水平上那些气球状的肺泡里也是如此 —— 气体交换就是在肺泡里发生的。鸟肺没有肺泡那样的"终端构造"，它们用的是一套由互相连通的细小管子组成的"连续流"系统。

咱且先摆活下较为熟悉的人类模式。人的肺脏和心脏装在胸腔里，由一片叫作横膈膜的肌肉从腹腔隔开。膈肌往下收缩，胸腔扩张，我们就吸入；而放松膈肌，我们就能呼出。横膈膜并不是独立完成任务；它时时得到肋间肌肉和腹肌的帮助。但是，每一个歌剧家都知道，起关键作用的是膈肌，是它把使用期满的废气驱过声带，发出华美的声音，让我们能认出，那又是一个琼·萨瑟兰，一个蕾妮·弗莱明，或是一个卢西亚诺·帕瓦罗蒂。

鸟类没有膈肌，而用其他肌肉，包括肋间肌，来扩张或收缩肺脏和大型气囊。这些气囊延展极广，甚至都嵌到骨头里。想必诸位还记得鸟类那伸得长长、动转自如的脖子吧。气管，那条连通呼吸道跟外部世界的管子，通常是鸟的比哺乳动物的长；它起着共鸣器的作用。我们之所以很难模仿一些鸟叫声，就因为我们脖子太短。哺乳动物的气管，只是简单地左右叉开，分到两肺；鸟类的可就复杂了。它们的气管一分再分，这些支气管直接通过肺脏，直到那套由前气囊后气囊组成的复杂系统为止。在气囊里并不发生氧气/二氧化碳的交换；气囊的作用，毋宁说像铁匠用来把空气送往洪炉的风箱。

吸气时，肌肉将胸骨向前拉下，舒展肋骨，减小身体内压，把新

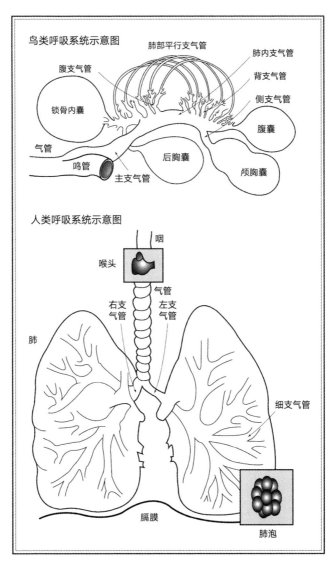

鸟类呼吸系统示意图

肺部平行支气管

肺内支气管

腹支气管

背支气管

侧支气管

锁骨内囊

腹囊

气管

后胸囊

颅胸囊

鸣管

主支气管

人类呼吸系统示意图

咽

喉头

气管

右支气管

左支气管

肺

细支气管

膈膜

肺泡

　　鸟类的呼吸系统是单向的，氧气/二氧化碳交换在侧支气管进行。呼气时，后气囊中的空气进入肺脏，与此同时，前气囊中的空气进入气管，排出体外。与此相对，人类呼吸系统是双向的，气体交换在呼吸树的末端进行，那就是作为毛细气管终端的肺泡。

鲜空气引入肺脏和气囊。一半的吸入空气通过肺脏这台气体交换机，进入前气囊，另一半吸入的空气则继续载着氧气，直接进入后气囊。胸骨向后向上移动，胸腔收缩，驱使肺脏和前气囊里用过的"废气"直接进入气管，与此同时，将后气囊中的新鲜空气压入肺脏。

如此，则我们的肺脏像一组潮汐系统，大气的海洋冲进冲出，鸟类的战略则提供了一套连续的新鲜空气之流，先是来自"海洋"本身，继而来自后气囊形成的"水库"，这些水库在吸气时存水，呼气时则向肺脏提供完全新鲜含氧的空气。这样的鸟肺，用气囊作风箱，保证了气流的连续性。于是乎，肺脏本身就可以端住架子，矜持不动。这意味着，气体跟肺毛细血管之间薄薄的上皮层可以组织得更加有效：肺毛细血管本身可以更细小，上皮屏障可以更薄，于是气体交换效率更高。

个中的净结果是，鸟类能更高效地吸入氧气，排出二氧化碳。登山家和高山滑雪家一定注意到，猛禽和大雁等等，如何在空气稀薄的高度上轻松飞翔，而我们这种东西稍微动一动就得大口喘气。这也就是金丝雀胜任早期预警系统的原因所在。高效的呼吸系统意味着可以处理相对体重来说比我们更多的空气，这使它们成为更加有效的"大气取样机"。

鸟类和某些恐龙的这种"直流"肺，可能是在从前地球变暖的时期演化出来的；氧气减少、二氧化碳增多的大气条件，迫使动物适应。那时候，哺乳动物兴许体型非常娇小，才挨过了一劫。还有，我们的哺乳动物祖先还从改进血红细胞得到了补偿。他们的血红细胞剔除了胞核和其他不必要的成分，把自己变成了更小、更专业化的氧气摄入和运输单位，有本事通过非常细小的毛细血管。鸟类和爬虫的血红细胞保持原大，也依然有核。

＊　＊　＊

很明显，年深代远，鸟类跟哺乳动物早经分道扬镳、遥若参商了。可是，我们又怎么知道，它们或许有共同的来源呢？那就让我们追根溯源一番。退回到老远老远的 3.5 亿年之前的石炭纪，地球乃是蜥蜴一样的小型四足动物的家园。那些东西叫作羊膜动物，据认为是所有鸟类和哺乳类动物的祖先。它们已经从咸水里爬出，生活在陆地上，其中一部分新兴地居脊椎动物运用了一些手段营着有性繁殖，以便进一步深入腹地，去开拓更干燥、更不可预测的环境。羊膜动物或许是从鲨鱼这样的胎生海洋物种直接演化来的 —— 它们是在成年雌性的体内携带并滋养着发育中的幼儿 —— 而不大像是来自对儿女"事不关己、高高挂起"的母亲，也就是那些雌性鱼类，它们先是产生、继而向海洋或河流的水中排出数目巨大的卵，由一头兴致勃勃然而同样不负责任的雄性提供一团云雾般的精子给它们授精。

新进的极早期羊膜动物很乐意做一位跟子女关系更加密切的长辈。它们产生的后代数量大为减少。尽管所有雄性哺乳动物都有一条阴茎，然而，有这东西的鸟类寥寥无几，主要也就是限于那几种体型庞大、陆生的走禽类。那些没有这一结构的鸟类，只是简单地把彼此的泄殖腔开口对对准，让精子从雄性传给雌性。哺乳动物中，胎生的有袋类动物和胎盘类动物（包括我们）产出会动的小崽，一小波单孔

类 —— 鸭嘴兽和针鼹 —— 则像鸟一样，是卵生的。鸟类没有胎生的。爬行动物大多都是卵生。有些爬行物种的雌性将卵留在体内，时间长短不一，然亦有一些物种会滋养并产下活蹦乱跳的崽子。所有哺乳物种，包括单孔类动物，生育之初都用一种分泌乳汁的腺体喂养小崽。有那么几种鸟类，如鸽子，斑鸠，火烈鸟和几种企鹅，也会分泌高蛋白高脂肪的嗉囊乳（crop milk），这种乳有乡村奶酪一样的浓度。雄性和雌性都会制作嗉囊乳。你瞧，胎生动物的母亲会让发育不完全的儿女缠住一段时间，有袋类动物的妈妈则要把婴儿装在袋子里带来带去，在一些鸟类物种，养育子女的责任却转移到了雄性身上。

无论处在鸟卵硬壳的保护之下，还是处于人类胚胎之中，发育中的羊膜动物胎儿都由一层层粘膜包裹和维持着，这些粘膜都是由胚胎组织产生的，分别是羊膜，浆膜（chorion，或称绒毛膜）和尿囊。在人类，浆膜侵入到母体子宫的内膜里，形成胎盘，实现对生命必不可少的营养物质的传输和氧气/二氧化碳交换。鸟类成长所需的维他命和矿物营养储备是由富含脂质、亮黄色的卵黄，及富含蛋白质的蛋清提供的。融合在一起的浆膜/尿囊平铺在多孔的蛋壳内里，为胎血供应和卵外的大气提供着必要的界面。无论胎生还是卵生，胚胎都是在充满液体的羊膜腔内发育。人类胎儿的临产，是由"破水"宣告的，那便是羊膜囊破裂所致。我们还知道，听到小鸟在蛋壳里哔哔作响，那就是它的小嘴试图啄破周围的蛋壳，预告着小鸟就要现身了。

* * *

到了白垩纪晚期、始新世早期、大型恐龙消失的时候，鸟类与哺乳动物真的就判然揖别了。那是5000多万年前的事情。我们的地球现在大约46亿岁。5000万年前，跟现在很不一样。全球气候比现在暖得多，大气中二氧化碳水平比现在至少高出一倍（百万分之750）。除了大洋是蓝灰色的，整个星球，从南极到北极都是绿的。除此之外，始新世和紧随其后的渐新世也赶上时候，看到了原始的古超级大陆——冈瓦纳大陆的最后解体；它沿着专事板块学说研究的地质学家们所划的虚线四分五裂了。分出的板块间有聚有散。相聚的板块互相倾轧重叠，于是，像喜马拉雅那样的山系就给挤兑得耸起在半空里，而分散的陆地大块打着转儿四散漂移，形成今天我们所知的几大洲。从生物学的角度看，那一过程非常缓慢，给了动植物物种大把的时间演化自己，以适应不可避免的变迁。

　　许多科学家认为，鸟类是恐龙活着的后裔。科学家从6800万岁的一具暴龙化石身上获取了微量的蛋白质，用最新的基因排序技术作了分析，得出结论说：鸟类跟那头巨大掠食动物的关系，比它们跟现存的爬行动物还要近些。然后，根据对恐龙骨骼的分析，他们推论道：恐龙也有气囊。至于有些恐龙像许多鸟类一样，有一个砂囊，吞食石块以帮助消磨食物，那就不是推论而是事实了。当然，鸟类完全摒弃了牙齿，而发展出不良于研磨的喙。有些前肢短小、两腿走路的恐龙（暴龙就是）骨头是空心的，而新近来自中国的考古证据支持下述想法：那个家族里至少有一位成员是有羽毛的。[那个家族有个分类学名字，叫作theropod（兽脚类恐龙），来自希腊语里表示"兽足"的一个字，指称我们所有人与之都有关系的可怕暴龙的生活方式——两条腿走路。]至于那头满口牙齿、有翅会飞的始祖鸟是否就是鸟类的直系祖先，则至今仍有争议。

那些不会飞的大鸟，那些走禽类 —— 鸵鸟，鸸鹋，食火鸡，美洲鸵，和现已灭绝的恐鸟（moa）—— 难不成是向我们诉说着鸟族的渊源之深？假如，这些非洲，澳洲，新几内亚，南美和新西兰的土著们当真全都来自同一个陆生祖先，那么，一亿六千来万年前冈瓦纳大陆开始解体的时候，走禽类的亚当和夏娃一定在场。对此，人们禁不住要下一个论断：非洲的鸵鸟，澳洲的鸸鹋和食火鸡，新西兰的恐鸟在彼此离散，随互不相连的大陆板块愈去愈远之后，全都经过了进一步的演化，于是才成了彼此判然分明的不同物种。这一假说，诚然能解释各种大鸟彼此的巨大相似性，然而，科学提出了一个大为不同的、有点反直觉的可能性。没有证据表明，鸵鸟，鸸鹋等等一切，跟那些伟大的游泳家企鹅有任何方面的关系 —— 它们的确能在不同大陆板块间自由来往 —— 而不同的走禽物种，或许干脆就是更晚近时期，从关系遥远的缇娜姆（tinamids）的一个会飞的版本演化而来。缇娜姆（Tinamidae）是南美洲加勒比海边的卡尔伊巴人（Kal'iba）对一族鸟类的泛称。据认为，这些鸟有着古老的历史，来自古冈瓦纳大陆。现在，这些鸟不会飞，已知的47个种里，小的有侏儒缇娜姆（dwarf tinamou），重1.5盎司，大的有灰缇娜姆（gray tinamou），重3.1磅。假如我们称作走禽类的鸟类中有一些成员原来是来自史前时期会迁徙的缇娜姆，那么，此中的涵义就是：这些大鸟之间的相似性，乃是趋同演化的反映，也就是说，生活在彼此隔离的大洲之上的不同世家，面对有的一比的选择压力，遂演化出了相似的特征。在不太遥远的将来，这一问题毫无悬念将会由DNA分析得到解决。

人类之转变成直立两足动物，是更其晚近而较易理解的。脑容量很大的智人（区别于尼安德特人）顶多也就是在12万～20万年前现身的。不大可能的是，我们的远亲，如匠人（*Homo ergaster*）和直立人（*Homo erectus*）等，会于 100 万年之前在各大洲间飞去飞来。实际上，DNA 分析告诉我们，很清楚，我们都是"从非洲走来"的；而假如我们专注于在本地土生土长的人类种群的话，那么，任何一个特定的人类群体，离开非洲愈远，则其跟相邻群体间的基因歧异便愈小。鸟类来这个星球殖民比我们早得多。即使它们的祖先真的是那些吓人的恐龙，它们永远也不会吓到、威胁到或祸害到今天的我们这号生命形式。有些人指出，我们和暴龙有的一比，也会遵循同一规律，先称霸，再灭绝，意思是，人类的所作所为像恐龙，没有尽量减少对于这个小小绿球的破坏。这么说对恐龙是不公平的。我们的任意胡为或许最终会导致自己和许多其他生命形式的灭绝，然而，那些巨大的恐龙不可能成心惹事，造成了自己的灭绝。无情的贪婪，蓄意的无知及真正的恶毒，几乎都是智人这东西独有的禀赋。

　　于今还有一个倾向，就是用"鸵鸟一般"来形容一些人，这些人既不承认气候变化是人类所造成，也不赞成对这样的变化采取行动。那个词指涉一个不经之谈，说那种大鸟每当看到地平线上出现危险，就干脆将头埋进沙子里。对这种怪异行为历来有不同的解释。有人说，孵卵的鸵鸟会在沙子上挖洞，把头搁进去，以免被发现。还有人说，鸵鸟把头在地面上蹭来蹭去，是要捡小石头吃，帮助研磨消化食物。所以说，它的行为说到归齐也没有多奇怪。或许，我们也可以学着把头贴近地面，以便看看清楚自己对大地做了什么。

　　说到鸵鸟、恐龙和人类，我们还真有两样好东西，那就是理性和自由意志。我们能够改变行为方式，也的确在改变行为方式！尽管一些人会胡搅蛮缠，提出一些伪命题，如"可持续性和气候变化可以并行不悖"等等，我们还是不能听任自己被那些人牵着鼻子走，因他们对于我们将要交给子子孙孙的这个地球的健康状况毫不关心。

第3章
鸡胚胎和发育中的其他生命形式

　　鸡蛋的所有烹饪形式 —— 清蒸，水煮，蛋花，油炒 —— 西方人大都是相当熟悉的。不过，在当今这种工业化和食品供应高度正规化的年代，很少人在早餐桌上遇到过鸡胚胎。我20来岁时，受精鸡卵可是成了我生命中格外熟悉的部分，尽管跟食物没有直接的关系。

　　我17岁考入昆士兰大学兽医学院读本科，那时候对鸡的问题、实际上对任何鸟的问题都毫无兴趣。我跟大多数学兽医的学生不一样：我的目标，一开始就是要做一个科学家，研究大型家畜的疾病，特别是牛和羊，因那时牛羊是澳大利亚经济的支柱。同学基本是男生，大多有农村背景，都打算去做出产食品和毛绒的反刍动物。有几位一头认定，今后的生涯就是从事赛马业；也有人意在定居城镇和郊区，到那里去做当时叫作"狗猫兽医"的营生 —— 这营生现在可是享有美名了，猫和狗都叫作"伴侣动物"，因宠物对于人类的精神健康有深度影响。

　　同学中记不得有谁一门心思做家禽或任何鸟类。大型商业养禽机构在当地还没出现，为数寥寥的"鸟医"—— 那是对鸟类疾病专家的蔑称 —— 通常受雇于政府部门。他们的职责，除了向家禽生产商提供咨询，还要监管并对付传染病的流行。毫不奇怪，有些人对染病家禽就有了生杀之权，动辄发号施令，说某群鸡鸭感染了病毒，责令杀掉，烧掉，埋掉，所以让农家望而生畏，即使消灭感染源最终让他们受益。

所以，在兽医学院课表的图腾柱上，鸟类的位置相当低。读到学位耗时5年，5年期间，我们花很少工夫去学习鸟类病理学或内科学，尽管多少也留意过家鸡和鸡蛋，可那是从微生物学和公共健康等方面着眼的。传染能毁灭禽群，沾满沙门氏菌的鸡蛋则常常引起食品污染。

是大二那年，我发现了一本讲基础生物学的好书，那本书至今是我心目中的伟大书籍之一。那是布拉德利·帕滕（Bradley M. Patten）1920年的杰作，《家鸡早期胚胎学》（ The Early Embryology of the Chick ）。这本书把我引入鸡胚胎的胜景。那是又一个厌倦，缺钱，茫无头绪的短短大学假期，我一遍遍地读着帕滕的短小论文，一步步追踪那些发育程序，从一个受精卵，到卵黄囊中的一小盘血管化细胞，再到那个"原始条纹"，然后是中胚层、内胚层和外胚层，依次分化出来，组建成一头多细胞、多器官的复杂脊椎动物——这个鸡胚胎发育过程特别容易用肉眼跟踪。

不知不觉地，我走上了马尔切洛·马尔波齐（Marcello Malpighi）17世纪在博洛尼亚经历的生物学启蒙之路。说到底，我的任务不过是把同时受精的一批卵敛和起来，然后每隔一定时间打开一个，将内容摊开在一个平面上。这不是多么复杂的解剖学准备工作。便是早在中

世纪后期，探索鸡蛋的奥秘对于充满想象的"天启"宗教的教义也构
不成多大威胁。

*　　*　　*

毕业以后，我先是受雇于第一产业动物研究所昆士兰分部，那是
一个诊断性实验室，用处是预备政府兽医官员和家畜巡视员莅临垂询。
就在那里，我遇到了体态娇小、满头金发的漂亮女孩潘妮·史蒂芬斯
（Penny Stephens）。那年她 21 岁，刚刚毕业于昆士兰大学的微生物系，
就做了所里的第一任全职动物病毒学家。两年后我们结为伉俪，至今
齐眉。

病理解剖者都是事后诸葛亮；然而在我早年的病理解剖室经历中，
鸟类的位置并不突出。大多数鸟类疾患不归病理学者管，而归微生物
学者管。但潘妮在研究鸟类的传染性支气管炎病毒（IBV）。那种病是
由一种冠状病毒引起的呼吸道感染。IBV 不传染人，但因为那病影响
家禽增重和蛋产量，所以家禽业用注射疫苗来防止它造成经济损失。
那年月，澳大利亚才刚发现了那种病，潘妮正在研究第一批分离 IBV，
方法是将病毒直接注射进受精的鸡卵里。IBV 生长，杀死鸡胚胎，所以，
到期打开鸡蛋，胚胎看上去是萎缩的。将嫌疑病原体生生注射到已经
受孕的卵中，看上去有点怪异，然而，潘妮实际上是在遵循动物病毒
学的一个悠久而成功的传统，无可厚非。

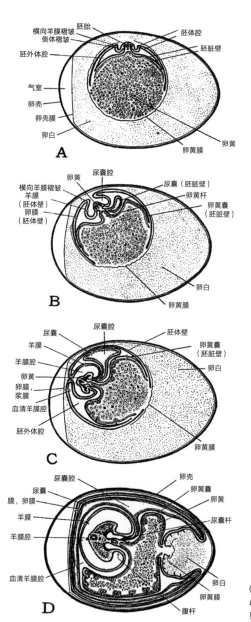

鸡胚胎发育示意图
来自 Bradley M. Patten 所著
《家鸡早期胚胎学》(The Early
Embryology of the Chick),显示
孵化1、2、5和14天后的鸡胚胎。

* 　* 　*

　　从20世纪30年代直到50年代，关于感染脊椎动物的病毒的严肃研究，无不牵涉到各个发育阶段的家鸡胚胎。病毒只能在活细胞内繁殖；虽然它们的蓝图或条形码是用核酸序列（RNA或DNA）写成的，这些蓝图被它们从比如说鸟类带到蚊子再带到人类，但它们也利用自己所感染的不同宿主的细胞"机制"来复制和存活。

　　这就是鸡胚胎的用处了：碰巧了，许多感染我们的病毒也能在受孕的鸡蛋里生长。于是乎，过去那些病毒研究所里，最显眼的设备就是那一个个大型的工业化孵蛋箱。受精的鸡蛋要从供货商那儿买了，装在不加热的纸板箱里完好无损地运来。不到38 ℃左右的温度，胚胎中止发育，那个温度比母鸡正常体温低3 ℃。抵达实验室，这些鸡蛋要一个个拿蜡烛照，看它们里面是不是有个活的胎儿。蛋壳是足够透明的，允许20瓦的电灯泡或类似强度的光线通过；卵黄囊上那个小红点就是受精盘，很容易看到。然后，受精卵在孵化箱的一个个架子上排排好，有种机械装置，把架子隔一定时间翻翻个儿。在自然界，这一工作由担任孵化任务的母鸡来做。

　　今天看来，把含有病毒的物质注入鸡蛋的技术，真的很陈旧了。我们已经熟悉了电视上播放的那一套标准科研：一个无菌的实验室里，到处是铮明瓦亮的设备和机器，一个穿白大褂的科学家在里面凝神用功。然而，直到20世纪60年代，那一技术还很重要。就是今天，流感疫苗大部分也还是这样做出来的。50年前，在我初学"诊断用微生物学"的时候，分离、然后培养衣原体的经典方法，还牵涉将嫌疑物质注射进已受精鸡蛋的卵黄囊里。这一族细菌引起鹦鹉热（衣原体鹦鹉热，鹦鹉的呼吸道感染能传给它们的主人），人的眼病——沙眼（衣原体沙眼），及羊、牛，偶尔还有人的流产（衣原体性流产）。受过训练的眼睛很快就能学会从吉姆萨染色（Giemsa dye-stained）后的卵黄囊涂片上辨认出那些红色的、孢子状的衣原体初级体。在卵黄里直接接种的方法，也用于培养和分离某些立克次氏体，包括引起Q热[伯氏立克次氏体（Coxiella burnetii）]的小虫虫。Q热是屠宰场工人感染的一种常见病，现在，由于预防性疫苗的研发，已经得到了最大限度的控制。

　　麦克法兰·伯内特（Macfarlane Burnet）是使用鸡胚胎进行传染病研究的伟大倡导者。他学的是病毒学，先是在伦敦读研究生时研究过噬菌体（phages，专事感染细菌的病毒）。在20世纪30年代，这一研究领域特别专注于生长在细菌"草坪"上的噬菌体，"草坪"养在平底圆形的皮氏培养皿（Petri dishes）里。培养皿里盛着某种形式的"营养琼脂"。长成一片的细菌"草坪"上出现了一些星星点点，每一个点都代表着一单个病毒无性系。入侵的病毒粒子先是杀掉自己寄生其上的菌细胞，然后，它的后代一步步感染邻近的细菌，长成边缘清楚、不断扩张的病毒"菌斑"。对于伯内特这样的研究者，这一技术有三大用处。头一件，可以用消过毒的移液管上端那个橡皮球将单个的菌斑挑出来，进一步加以培养或分析；第二件，表现出"不太适应"的任何变化（菌斑生长缓慢、尺寸较小）都会被认出并分离出来，作为突变型而得到遗传学研究；第三件是，输入的种菌里所含病毒的数量可以直接通过计数菌斑加以测算——好的科学不就是事关精准的测算吗？

20世纪30年代后期，伯内特打算用自己在噬菌体研究中用过的方法去研究感染人类的病毒。他偶尔看到了设在田纳西州纳什维尔的范德比尔特大学两位研究者，欧尼斯特·古德帕斯丘（Ernest Goodpasture）和艾丽斯·伍德拉夫（Alice Woodruff）发表的报告，受到启发。古德帕斯丘和伍德拉夫早就研究出一整套不同家鸡胚胎的接种技术用于研究感染源；但伯内特尤感兴趣的是脱掉鸡胚胎绒毛膜尿囊的程序。绒毛膜尿囊就是那层紧贴在透气的蛋壳内里的那层胎膜，其作用是让胚胎红细胞直接从大气中"吸进"氧气。

病毒学家用的绒毛膜尿囊接种程序大体是这样：用酒精擦蛋壳，以杀灭可能的细菌或真菌；然后用老式牙科钻具的磨轮在蛋壳上打两个孔，一个在较圆的一头，气室端，另一个在长面的中点处。当心不要拉透蛋壳内里的白膜，那是下一步的事情：用预先消过毒的尖针，在上述两个点上微微刺破；取一橡皮移液管，在气囊处轻吸；随着空气的抽出，压力的变化引起绒毛膜尿囊从鸡蛋的长面脱落，造成由鸡的活细胞构成的"场地"，以便在其上接种有关有机体。开孔随后用几滴热石蜡密封；将接种的鸡蛋在37~38℃的温度下孵化数天，让两个不连续的病毒群落生长，就像前述的在细菌培养皿里培养的噬菌体那样。伯内特等人将这一程序用得非常得力，范围涉及克隆和分离突变体，计数流感病毒那样的病毒，计数各种痘疹（包括天花）和疱疹病毒——这是一些遗传基因很不相同的病毒，从菌斑的大小和外观就能辨别。今天，人们偶或也用这一方法培养癌细胞。

伯内特一生研究噬菌体、脊椎动物病毒和鸡胚胎，对遗传学、突变和无性系等等别有理解。他将这些概念用于新兴学科——免疫

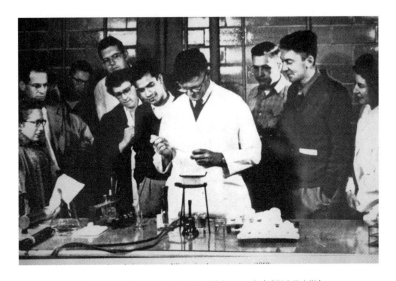

麦克法兰·伯内特演示鸡蛋接种技术，1952年（威斯康星大学）

学，最终产生了该学科的中心教条，这就是"获得性免疫力的无性选择理论（the clonal selection theory of acquired immunity）"。就凭这个无性选择理论，他也完全可以获诺贝尔奖的。他自己以及很多人都认为，那是他最有价值的贡献，尽管以之获诺贝尔奖的话，那将跟丹佛科学家大卫·塔马格（David Talmage）并驾齐驱；后者从另一番知识背景得出了同样的结论。伯内特的诺贝尔奖也是与彼得·梅达沃（Peter Medawar）分享的，获奖缘由却是"免疫耐受性理论（theory of immunological tolerance）"。获奖后，伯内特继续亲力亲为做研究，五年之后，碰到了65岁强制退休的天花板。于是他离开实验室，开始平生另一桩热爱即科普写作。他的最后几个实验，是利用鸡胚胎绒毛膜尿囊探讨组织移植排异问题和免疫耐受性问题。想知道免疫耐受性怎么回事？那是免疫学的中心理论。这个理论要解决的是我们如何分别

"我"（我们自己的细胞和器官）与"非我"（入侵的细菌或病毒）。如果我们的身体不能分别我与非我，那就要患上各种可怕的自体免疫疾病，如类风湿性关节炎和多发性硬化等。

麦克法兰·伯内特爵士跟甘地谈过天，会见过各国的国王和女王（我不相信他和他们谈的都是免疫耐受性理论的核心理念，即我与非我的区别问题），得到过前大不列颠帝国的最高勋章。他做过一场场卓有声望的演讲，是一个公认的大人物。他显然愉快地接受了这一地位。与此同时，他一直坦率诚实，日复一日给鸡蛋打孔，往鸡胚胎囊膜上滴这滴那。伯内特最好的一张照片，秀着他身穿白大褂，在威斯康星大学的实验室里为学生和同事演示他的鸡蛋接种术。于此，我们可以看到科学的公私两面。公众看到了科学中的实践，研究者专注的是科学中的认知。站在现实的大地上就是一切；真希望于今的政治领袖能从伯内特的榜样中学到点什么。但是，这种脚踏实地的精神或许属于一个过去的时代，在那个时代中，鸡胚胎处于传染病研究的刀锋上，所向披靡。

晚景年月，伯内特不再活跃在研究领域，而越来越显现出环境保护者的本色。他一直是个博物家，青年时期就收藏了数量可观的甲虫标本。他殁于1985年。那时候，人为气候变化已经不再是热门话题了。可是，在他有生之年，他一直坚持在有关话题上发出自己的声音。那是老一代科学家的本色，为我们后学树立了榜样。让我们，学科学的也好，普通公众也罢，追随他的步履，关爱生命，投入行动吧。

第4章
哨兵鸡

　　读大学本科的时候，"哨兵鸡"的想头于我很有些别扭。第一次听到这个短语，年轻的我只有反感。我的反应无疑受到儿时记忆的影响。我奶奶后院养着鸡，我只觉着它们愚蠢，爱无端吵闹，老在尘土飞扬的地方刨来刨去。无法想象，这么低等的东西，会像一个受过训练的士兵一样，机警专注，为你防备着不见行迹、悄悄逼近的敌人。哼，母鸡站岗！

　　那是一个遥远的年代。像那时候的大多数学生一样，我啥都知道，也啥都不知道。搁在今天，无论哪个头脑麻溜的青年人，都会直接上网，一搜就搜索出，原来，远从神话时代起，鸟类的重要职责就是站岗。人身鸟首的神祇，鸟是朱鹭、猎鹰、隼或苍鹭，等等，曾给埃及人站岗。西方传统中，小公鸡是警惕性的象征，在法国的纹章设计中被广泛地使用。1789年法国大革命时，公鸡被用作国民的象征；一战期间，骄傲彩焕的高卢鸡跟黑色的德国鹰四目相对。

　　哨兵鹅报警，一向跟人类故事相联系。鹅的领土意识很强。一旦认为你侵入它的地盘，它就会大声叫唤着向你进攻。缓解之法，是赶紧喂食，这样，它们就认为领地安慰，我们不过是它们的同族。据古罗马历史家提图斯·利维乌斯（Titus Livius，亦称李维，Livy）记载，在女神朱诺的神殿里，是神鹅唤醒了疲惫的罗马守兵，使他们免于失败在夜间偷袭的高卢人手下。在近代苏格兰，威士忌酿酒作坊有时会由鹅群守护着，一旦有小偷前来盗取他们至为珍视的生命之水，鹅群就会嘎嘎地大声叫唤。威士忌或许跟当地的宗教有关；但是我不太相信，讲究实际的苏格兰人会真的把鹅看作神鸟。

然后还有乌鸦的故事。是那群乌鸦保证了伦敦塔的完整，从而也保证了英国王室的连续性。传说，乌鸦离塔而去，王室就会败亡。查理二世专门下诏，要求不少于10只乌鸦在塔，6只站岗，4只后备。尽管波利亚·萨克斯（Boria Sax）在《乌鸦之城》（*City of Ravens*）一书中辩称，诏书系出后人伪造，但10只乌鸦云云，总是真的。负责这事的，是从身着古装的伦敦塔卫兵队里擢拔出来的一个乌鸦大师。大师不辱使命，将塔里的乌鸦剪去一翼，使它们无法飞离。

* * *

第一次听说"哨兵鸡"这个名目，是从一个堂兄那儿。堂兄叫拉尔夫·多尔蒂（Ralph Doherty），医学家，那时候在昆虫或曰节肢动物传播的病毒研究方面声名鹊起。那组病毒总称为虫媒病毒（arboviruses），也叫作官袍病毒（toga-viruses），因它们都长着一层包膜或外衣。他在昆士兰医学研究所（设在布里斯班）的研究团队取得了好几项重要成就，其中之一就是发现了，蚊子携带的罗斯河病毒（Ross River virus，RRV）是造成人类疾病——出皮疹的多发性关节炎的元凶。那是一种要不了命、但很痛苦的流行病，病程好几个月，能导致残疾。在澳大利亚北部，每年发生4000多起，所以那里的人都很熟悉。起初发生在热带，尔后就一直向外蔓延。

像所有病毒一样，虫媒病毒也只能在活细胞内繁殖。与众不同的是，这些病毒会在很不相同的动物的组织里自我复制，尽管这一大族中，不同种类病毒的宿主范围大不相同。这些病毒制造厂包括咬人的昆虫，特别是蚊子和蜱虫，吸血时要么自己感染病毒，要么把疾病传播给热血物种，包括人类和全部长毛生羽的脊椎动物。

于是，我们就有了哨兵鸡。监控虫媒病毒的方法，就是把鸡装在笼子里，放在周围乡村、能被蚊子咬到的地方，对广泛散布的家禽定期取样。取样方式相对温和，就是从突出可见的翼静脉抽少量血，静置令凝结。将上层微微发黄的血清冷冻或冰置，送到专家的实验室，对样本做血清转化分析。分析师运用已成常规的技术，探测自上次监测以来有无新获得的、针对问题病毒的流行抗体。（这一技术并不是对所有蚊传播疾病都管用。比如，家鸡对RRV病毒就不甚敏感。RRV病毒更喜欢哺乳动物宿主，而哺乳动物对追踪疟疾并无价值，反倒是咱们人类对疟疾最敏感，可以做大家的哨兵。在第11章里，我们还要解释：鸟类有自己特有的疟原虫。）

举例说事儿。如果家鸡在上岗时血清反应阴性，而六个月后对某些虫媒病毒反应阳性，那就可以断定，在此期间，它们受到了已感染蚊子的叮咬。吸血的蚊子所注入的病毒粒子相对是很少的。这很少的病毒得通过血液循环侵入新宿主的某一器官的易感细胞，经过代复一代的复制繁衍，禽血里才会存在大量病毒，有了所谓病毒血症。病情持续约 7 ~ 12 天，病鸡发展出免疫反应，产生有针对性的、起中和作用的抗体，病程结束。此后，病禽一生都会继续制造这样的抗体。一旦检查出对我们所研究的传染病具有了抗体阳性，这头老鸡一方面获得了终生免疫力；另一方面，它也就有资格光荣退休了。于是，就得招募新兵，站它的岗位。

* * *

病毒学家将虫媒病毒进一步分类为 α 病毒（alphaviruses）和黄病毒（flaviviruses）。α 病毒包括 RRV，巴尔玛森林病毒（Barmah Forest v.，在澳大利亚），东方马脑炎病毒（eastern equine encephalitis v.，在美国）和基孔肯雅病毒（Chikungunya v.）。基孔肯雅病毒新近已从印度洋地区蔓延到东南亚和地中海。若人类感染了基孔肯雅病毒、RRV 或巴尔玛森林病毒，就会导致顽固的带状疱疹多发性关节炎，家鸡和其他几种动物则无动于衷。

所有虫媒黄病毒都跟黄热病病毒（yellow fever virus，YFV）有广泛联系。这些可怕的黄热病病原体通过并发出血和肝坏死杀死人类。这就是"黄病毒"中"黄"字的来源（"flavi"的拉丁文意思是黄）。病人失去抵抗力，奄奄一息，严重黄疸是典型症状。带菌者是一种蚊子——埃及伊蚊（*Aedes aegypti*），热带地区北昆士兰就有它的踪迹，尽管澳大利亚迄今还没有过黄热病病例。20 世纪 30 年代，南非医学家马克斯·泰勒（Max Theiler）研制出一种疫苗，这一成就得到承认，他得到了 1951 年诺贝尔奖。不过，虫媒黄病毒已知的有 70 种，30 种见于南亚和澳大拉西亚（大洋洲）地区。有些是"孤儿"病毒，跟任何已知疾病都没有干系。

还回到20世纪60年代。拉尔夫堂兄那么专注于哨兵鸡，可见他的团队对于虫媒病毒流行病学有广泛兴趣。那是一门关于这一大类传染性疾病如何在大自然中传播和维持的学问。有些虫媒病毒，特别是蜱虫传播的那些，能通过昆虫生命史的连续步骤垂直传下，所谓"过冬"；然而，即使这样，这也不大可能是自然界病毒生生不息的主要机制。尽管流行病学家一直在寻找，是什么脊椎动物宿主连起了蚊子-动物间的传播之环，但是，要锁定是哪几个物种难上加难。针对RRV的抗体（上次感染留下的脚印），发现于比如说有袋类和胎盘类哺乳动物，偶尔也发现于鸟类，但这并不证明血液中的病毒水平足以造成广泛感染，产生大量蚊子带菌者。这一昆虫-脊椎动物间的双向交换很可能在较温暖的大陆上终年进行，在缺乏有效蚊虫控制的林区尤其如此。当然，候鸟在疾病从热带往南北两方扩散上罪无可逭，每年春夏之际的传染病攻势就是明证。

*　*　*

这些年来，勇敢的澳大利亚哨兵鸡在医学上发挥了重大作用。其中之一就是做了一回"记录鸟"，帮助监测了默累谷脑炎病毒（Murray Valley encephalitis v., MVE）在南方的蔓延。那是一种黄病毒，也叫澳大利亚脑炎病毒。它的感染，加上炎热气候和反常湿季，蚊虫大量孳生，遂造成问题。假如近处有MVE，在易感的鸟类血液中达到了足够高的水平，那么，蚊子就会被感染，随之就会在人类中造成零星的病例，在默累河这样的大河两岸居住的人们尤其要受累。尽管巴布亚新几内亚和印度尼西亚也发现了 MVE，但对我们的北方而言，主要威胁还是它的近亲、然而加倍危险的日本脑炎病毒（JEV），它会在感染人群中造成更高比例的严重病例。据知，JEV 的主要宿主不是鸟，而是猪，而防止人类感染的途径之一，是通过给猪接种来减少要素"因数"。当然也有给人用的高效 JEV 疫苗。据公共卫生方面的医官称，在美国，JEV 不是本土病例的主要原因，因美国缺少主要携带者 Culex tritaeniorhynchus，一种库蚊。这种蚊子澳大利亚也没有，但一个替代性携带者，Culex gelidus，已经在热带北方找到，那里已发生了两起 JEV 死亡病例。

20 世纪 60 年代和 70 年代在全国建立的一些哨兵鸡前哨站，在MVE 的监控上发挥了很大作用；直到今天，至少其中的一部分还在运转。一代接一代的鸟类"志愿者"前赴后继，充实着哨所的备员，忠于职守，在澳大利亚连续监控网络中扮演着重要角色。在较为凉爽的南方，哨兵鸡不时起到 MVE 血清转化的作用，尽管大多数感染证据发现于澳大利亚炎热的北方，在那里，人类病例尽管不多，但还是不断出现。澳大利亚的鸡们也拿到了 MVE 的近亲、库京病毒（Kunjin v.）流传的证据（它偶尔也是人类乙型脑炎的原因），也逮到了巴尔玛森林病毒。库京新近（2011 年）在澳大利亚马群中造成了一些死亡。它也跟下章将要讨论的西尼罗河病毒（WNV）关系密切。大多数美国人很快就要熟悉 WNV 了。有趣的是，最近的分类研究将库京病毒描述为WNV 的变异家系（库京也杀马），尽管从没有报道称它跟 2012 年在美国广泛分布的病例有联系。WNV 的遭际将在下章详述。或许大为不同的是，尽管澳大利亚的面积跟美国低纬度四十八州不相上下，但澳洲大多是干燥的沙漠，仅支持 2200 万人口，美国则支持 3 亿多人。传染病例的多寡，总是跟人口密度相关联。

　　哨兵的使用，当然有个先决条件，那就是知道要找的病毒的身份。不然，就不可能有针对性地设置抗体试验，去认定任何个体，不管它是家禽还是人，的确已被感染。1917年，一场瘟疫在人群中爆发，当时称之为澳大利亚X病。虽然当时已经能辨认那种病，但直到1951年，在墨尔本的沃尔特和伊莱扎霍尔研究所（the Walter and Eliza Hall Institute）工作的埃里克·弗伦奇（Eric French）才报告了MVE病毒的分离和初步特征描述（见第9章）。

　　除了从哨兵鸡和人类病例那儿了解到的讯息，关于MVE我们还知道些什么呢？当然了，携带者蚊子，已经锁定是Culex annulirostris。但是，只有间接的抗体结果暗示着一些可能的宿主，其中有数种鸬鹚和南京夜鹭（the Nankeen night heron）。南京夜鹭在澳大利亚南方和北方的较潮湿地区都很常见，一般不被视为濒危动物，尽管它非常需要接触淡水。近来的长期干旱曾引起人们的担心也不无道理。现在，由于拉尼娜天气系统（La Nina climate system）前所未有的提前回归，带来洪水泛滥和大规模气旋活动，这场干旱终告结束。当然，这又很可能增加蚊虫传播的传染病例。

　　有时候，确定某特定鸟种易感于某一给定虫媒感染，并能传播该病毒、因而起到维持性宿主的作用，也是相对简单的事情。比如，东方马脑炎病毒——一种在美国传播、在马和人群中均能致病的α病毒，也能杀死相当数量的朱鹭、椋鸟和鹧鸪。病死的鸟和幸存的鸟，血液中均能有甚高水平的病毒。

然而，总的来说，辨认传播这些疾病的虫媒一向比较容易，而确定到底是哪一些特定的野生鸟类或哺乳动物在支持它们"过冬"，比较困难。原因之一是，虫媒病毒通常在蚊子身上较能久存，因蚊子缺乏鸟类、哺乳动物和其他多骨脊椎动物所特有的那种高度适应的，或者说高度特化的免疫系统。脊椎动物哪怕染上了严重的传染病，病毒通常也能在 8～12 天内从幸存者血液中清除干净。另一原因是，捕获和处理野鸟很费事，而逮到大量蚊子容易得很。有一种发光陷阱，能发出二氧化碳和其他化学引诱剂（如辛烯醇），模仿有热血动物存在的情景，效率奇高。一种更原始的技术是，叫蚊子叮咬一头老弱病马，或者干脆叮你自己的手臂，然后用某种抽吸装置逮到它们，简直像用草棒喝饮料一样容易。

一旦逮到，就可以送给昆虫学者检定归类，一堆一堆，分别冷冻，尔后加生理盐水研碎，注入某种监测系统（比如组织培养液或乳鼠的脑子），那里面就会长出那组蚊子所携带的任何病毒。新分离出的病毒可以由 DNA 测序验明正身，确定其特有的遗传密码，所用的技术跟法医用来确定强奸犯或杀人犯的技术并无二致。

*　　*　　*

哨兵鸡的本事，是人家在地里或树林里自然感染了之后，有本事产生出高度有针对性的抗体来。这是哨兵鸡上岗的资本。我们肯喂养这些勇敢的卫兵，是因为鸟类既有胸腺，能产生 T 型淋巴球（包括杀手 T 细胞；我研究那东西近 40 年），也有 B 型淋巴球或血浆细胞，能产生有针对性的抗体。这些我们在第 14 章里将会详细讨论，这里先简单提及。在漫长的年代里，鸟类跟哺乳动物演化出稍为不同的免疫系统，然而殊途同归，这些系统都负有控制传染的职责。进而，正是因为鸟类也有产生长期免疫记忆的本事，所以在过去的一个世纪里，人们才研发出许许多多预防性疫苗，用于家禽和笼养鸟类的防疫。

然而，虫媒病毒并不在鸡疫苗清单上，因它们不影响商业性生产者。如何使用疫苗，永远是由实用考虑决定的；一种产品之用于一种脊椎动物而不用于另一种，并不说明其中有什么"物种歧视"。出于明显原因，不可能给野生鸟类打预防针去预防任何东西。在美国，针对委内瑞拉马脑炎α病毒，会给贵重的马打预防针，却不给人打预防针。富裕国家的人民是通过改良环境、控制蚊子来保护的；气候较暖的大城市大多也是这样。在城里，提倡户内活动，减少出门。到了农村，则适当使用驱蚊剂。我们从来没有研发疫苗预防MVE，因发病率太低了，不值当预防。但是，如果温暖天气加上人为气候变化，致使MVE对大量人口造成威胁，那么，这样的疫苗还是能够研发的。

对澳大利亚人来说，更大的危险是，像JEV和疟疾这样的疾病的传染会随着周围环境温度的升高而往南迁移；鸟类改变自己的迁徙模式，蚊子则扩大其宿主范围。这样的事情已经在非洲部分地区发生了。感染了疾病的蚊虫不可阻挡地向更加凉爽、纬度较高的地区迁移，而这些地区从前是没有疟疾的。我们可以做一件事去保护我们自己和鸟类，那就是避免在我们的园子里存死水，比方说在丢弃的汽车轮胎里，那里是极好的"养蚊场"。由于2012年WNV爆发，美国南方的一些地方，特别是德克萨斯的人们，在这些问题上算是长了记性。

　　在欧洲，基孔肯雅现在已经渗透到拉维纳这么靠北的地方。随着地温、气温和水温的升高，依赖蚊子-脊椎动物（鸟类或哺乳动物）才完成生命史的病毒将会继续向先前较冷的地区蔓延。一方面，有效的蚊虫控制固然能将这种威胁减到最小，另一方面，杀虫剂还是应该尽量少用。所以，我们人人都应该成为"公民-昆虫学家"，保证自己少在自家的后院养蚊子。而任何杀灭昆虫的化学物品，潜在地都对鸟类和其他脊椎动物物种有消极影响。

第5章
坠落的乌鸦

喝咖啡的时候，和一个免疫学家同事说了会儿话。东拉西扯中，说起了一个美丽的高尔夫球场，俯临大海，在那玩一回球，是何等惬意。记得那是在加利福尼亚吧，难道是在拉霍亚的托里松林（Torrey pines at La Jolla）？

"奇怪，"他说道。"打了一杆，打到高低不平处。我撞着一个鸡笼，里面全是鸡！高尔夫球场有鸡！这怎么回事？"

"哈，哨兵鸡，"我回答说。"是放在那儿监视WNV蔓延的；就是西尼罗河病毒。"

我的科学世界跨在两个学科之间，病毒学和免疫学。倘是个病毒学家，一看就知道那些鸟在那儿做什么。我的高尔夫朋友看见鸡没想到WNV，说明科学里的专业化鸿沟已经如此之深，而知识的领地又是如此之广阔。我们做科学的人越来越发现自己住在某种巴别塔里，越来越不容易窥见哪怕离你最近的领域发生了什么。我这本书，说的是鸟类、人类、疾病和环境恶化之间的界面。我边研究边写作。在研究和写作的过程中，我被迫去面对自己在许多相邻领域的巨大无知，特别是在动物学和鸟类学。

可是我的确知道点西尼罗河病毒。实际上我还研究过跟它相类的病原体呢。对传染病的流行病学稍感兴趣的人，都会清楚地知道1999年夏秋两季在纽约市开始的事件。那次的哨兵是乌鸦。乌鸦从天上栽下来；在布朗克斯动物园和女王动物园，所有鸟类，从稀奇古怪的，到本乡本土的，包括智利火烈鸟和秃鹰，一起死翘翘。62人出现神经症状，7人死亡。WNV是1937年在乌干达分离出来的，是一种黄病毒，欧洲许多地方人群中周期性爆发的脑炎和脑膜炎，它就是已知的原因之一。入侵纽约的WNV纽约一族，是从一只死火烈鸟身上分离出来的。基因测序鉴定，它跟从前的一种病毒基本相同，那种病毒曾于1996年在布加勒斯特感染了至少500人，1998年在以色列造成400多个病例，1999年在俄罗斯伏尔加格勒造成40多起死亡。

纽约WNV归属于日本乙型脑炎一族的成员。澳大利亚库京病毒也属于这一族。纽约WNV的流行，标志着这一病毒第一次在北美造成问题，尽管后来证实，曼哈顿岛早前就有人类感染WNV的病例。早在20世纪50年代初，柴斯特·苏瑟姆（Chester Southam）和艾丽斯·莫尔（Alice Moore）就在纽约癌症纪念中心尝试将各种各样的病毒，包括WNV，注射给不能动手术的癌症患者，希望这些能在组织培养液里杀死类似细胞的病毒，能够在迅速增生的肿瘤里有选择地生长并杀死癌细胞。两人能够证明，在受试的21个病人中，WNV的确在5个人身上引起了无症状的感染，却没有显示任何临床价值。当然，时至今日，没有人再去琢磨成心给危重病人注射要命的病毒了。但在早先那种人类大试验的年代里，并没有什么道德委员会去监管这样的行事。

　　说句公道话，必须承认，苏瑟姆和莫尔的初衷是真诚的。那时候，我们对传染病和癌症的了解比现在少得可怜。不仅如此，他们的小小研究最终证明还是有些价值的，因那个试验确证了一件事：人血中循环的WNV水平和持续时间，足以感染前来叮咬的蚊子。或许，1999年WNV纽约家系的爆发，是由于病毒随着某个有了病毒血症的旅客渡过了大西洋。感染了WNV的，只有大约30％的人表现出可见症状。那些喜欢冒险、到处乱窜的年轻人，很容易接触到已经感染的蚊子，却不容易成为临床病例。

　　还有可能就是，WNV随着进口鸟类渡过了大洋天堑。不管怎样，在肯尼迪机场或纽瓦克机场下飞机，接触地面上的蚊子，就成了传染源，最终导致WNV在美洲引起地方性流行。就像在许多情景中一样，一个物种突然"爆发"，在更大范围散开，结果或许只能是许多基本属于随机性质的事件的机缘巧合。

　　跨越大西洋来到纽约城，距离如此遥远，WNV对野生鸟类如此致命，要通过正常的鸟类迁徙把病毒从欧洲或非洲带到美洲，是不可能的。但是，并非所有物种都像美洲乌鸦那样易感，总是存在从实验室逃逸的渺茫可能。但是，要一只蚊子从一头已感染的脊椎动物那儿吸一口血，叮了一个研究者或一只小白鼠，然后把WNV带到野外，这样的可能性微乎其微。大凡研究这种高毒性病毒的人，都会极其小心，所有试验用动物，尤其是那些感染了稀见病原体的，都养在经过严格检查的、高度安全的设施里，当然不能叫蚊子咬到。

　　生物恐怖主义也是可能的，但是并没有什么组织对此声明负责。

尽管冷战时期也曾经用这号病毒研制过一些生物武器，但从没有人当真把它们看作军事武库的现实组成部分。当真要用的话，那就意味着制造大量的病毒，朝某些倒霉的敌人喷洒。偶尔接触装有高浓度病毒的喷雾器引起实验室感染的事例，据知也曾发生过，但虫媒病毒是能自由漂浮、容易分解的，不大会通过空气向四方远播。美国的确犯过傻，曾在派恩布拉夫兵工厂（Pine Bluff Arsenal）培养过大量黄热病毒感染的埃及伊蚊，但大家最后还是恢复了理智，禁止了这种危险的白痴行径；与此同时，根据 1975 年的生物武器条约，同类的所有行为都遭禁止。美国的所有库存都已在 20 世纪 70 年代初期全部销毁。

纽约 WNV 和其他近期出现的 WNV 有个突出特点，就是在一些野鸟物种中的死亡率极高。一种可能是，这反映了针对乌鸦和喜鹊等鸦科动物，病毒出现了"高毒性"的突变。这可能是真的，但多年前泰尔福特·沃克（Telford Work）和迪克·泰勒（Dick Taylor）在埃及显示，他们研究的 WNV 家系对当地的冠鸦（hooded crows）极其致命。还有就是，以色列的病毒和纽约的病毒也被证明对家鹅是致命的。另一方面，实验性感染的家鸡在血液里循环病毒达十天之久，造成数种病理征象，却没有一例死亡或显现出神经症状。

* * *

正如我的高尔夫球朋友发现的那样，哨兵鸡继续出色地服役，为形形色色的州立保健部门和美国疾病控制与预防中心（CDC）监控着整个美国 WNV 的活动。规模宏大的亚特兰大 CDC 实验大楼为美国公共卫生服务团（US Public Health Service Commissioned Corps,

USPHS）提供技术支持和田野反应支持，该机构在全国各地设有地区办事处。

长相英俊、脾气火爆的埃弗雷特·库普（C. Everett Koop）在里根政府做过卫生局局长。他下令，美国公共卫生服务官员至少每周得穿白大褂一次。那期间，我有过一次怪怪的经历。我去科罗拉多柯林斯堡（Fort Collins）拜访汤姆·芒纳斯（Tom Monath），发现他穿的像个海军上将。汤姆是一位卓越的虫媒病毒学家，现在一家私营研究部门，近来忙于研发一种减毒的WNV活疫苗。这种疫苗的主要用途，迄今一直是保护马匹。纽约疫情初发时，部分赛马业主将珍贵马匹送往南方的佛罗里达。然而像其他病毒一样，WNV很快追上了它们。所以，打预防针仍为上策。

在美国，应付WNV事件是CDC媒传疾病部门的职责。他们每星期都要从野鸟，哨兵鸡群，人类病例，兽医病例和蚊子监察站那儿采集数据。当然，CDC官员是拿工资的，不像哨兵鸡，不拿工钱不说，还不用每天检查。鉴于装备了当代技术和有关组织的敬业精神，CDC状态良好，这可能是有史以来分析最精到的一次瘟疫了。唯一的挑战，出于几乎同样的理由，是2009年猪流感大流行中发生的事情。

历史上也有人传人的记载，通过输血传播 —— 美国供血机构要检查WNV —— 或通过母乳传播，然而，WNV毫无疑问多是由蚊子叮咬传播的。主要携带者是库蚊属各蚊种，然单是在美国，就有50个家系的蚊子能感染这种病毒。此外，有证据表明，WNV能够通过各种昆虫的幼虫阶段垂直传播，而这一病毒能随感染的蚊子蛰伏"过冬"。

尽管马和人偶尔也是 WNV 的寄主，但很清楚，现在北美的 WNV 只可能依托鸟 - 蚊生命史进行维持。就是从 1999 年 7 月爆发以来，那种病毒就在蚊子、牛和人类身上发现。早在 1999 年 6 月，纽约郊区女王镇的居民注意到，死乌鸦和濒死的乌鸦反常地多。随后几个月里，死鸟被收集起来，8、9、10 三个月收集到的死鸟，其中 280 只确切显示 WNV 阳性，而其中约 90% 是美国乌鸦。到 2000 年底，人类感染 WNV 的证据在邻近的新泽西州和康涅狄克州被发现，且于次年一年中继续向北（马萨诸塞州和安大略省）、向南（进入佛罗里达州和路易斯安纳州）蔓延。CDC 数字显示出依次向西的分布，在科罗拉多和加利福尼亚两州的高发率年份分别始于 2003 和 2004 年。现在，WNV 感染病例已在美国大陆所有州有所报道，北到加拿大的阿尔伯塔省和萨斯喀彻温省，东到加勒比地区，往南一直到墨西哥和阿根廷，就差阿拉斯加和夏威夷了。通过研究 CDC 1999 年以来发表的年度数字，流行病学家（到 2009 年为止）确认，因感染 WNV 出现神经症状的有 17 000 多人，至少死亡 1100 人。这一地理学上的蔓延速率跟一个观念完全吻合：蚊媒传播是缓慢、渐次进行的，从伴有病毒血症的宿主（主要是鸟类），向之前未受感染的鸟类群体传播。

美洲乌鸦和猛禽（鹰、隼、猫头鹰和秃鹰）像我们一样，很可能就是 WNV 的最终宿主。最重要的 WNV 维持物种是鸽子和知更鸟，它们通常能在感染之后活下来；尤其在发病后虚弱少动的时候，它们更是尽着蚊子叮咬。至于对鸟的数量的影响，我要说，要获得关于任何野生动物的确切总死亡数字都是很难的。死鸟通常很难找到，特别是那些小型鸟。明白显示某个种群濒危，那样的讯息通常来自志愿观鸟者和业余鸟类学者所做的细心而系统的计数。

　　奥杜邦学会很明白这一点，所以它招募志愿者来参与其"后院数鸟"项目。要参与这项研究，你甚至不用离开你的房产。CDC开列出200种已知受WNV感染的鸟类的单子，包括五种鸣禽，美洲知更鸟，蓝知更鸟和其他许多鸟类。还有，大型鸟类当然引人注目，小型鸟类的命运则无人关注，除非有细心、专注和系统的观察者提供讯息。没有卫生官员拿着工资去监测我们当中传染性疾病的扩散和病例，要对鸟类的情况获得一个明晰的画面，则主要依赖于无私奉献、然而不拿工钱的"公民－科学家"提供报告。

　　有一种鸦科鸟类［鸟类的一个科，也包括乌鸦（crow），渡鸦（raven）和松鸦（jay）］，倒是有过一个露脸的机会，那就是黄嘴喜鹊（the yellow-billed magpie）。那是加利福尼亚的土著，当地的奥杜邦学会成员近来将它定为2009年的年度鸟。那次大选，全民都应邀投了票。设立年度鸟的目的，是"让大家注意加州的非凡鸟类，及它们当中许多物种所面对的保护挑战"。当然，也希望更多人会扮演公民－科学家的角色，直接参与由奥杜邦学会组织的努力。除了奥杜邦学会，还有许多其他组织也在尽心尽力保护动物、植物和它们赖以生存的自然环境。

　　根据加利福尼亚大学戴维斯分校兽医遗传学实验室野生动物健康与生态遗传学部（Wildlife Health and Ecological Genetics Unit in the Veterinary Genetics Laboratory）主任，霍利·欧内斯特（Holly Ernest）的说法，黄嘴喜鹊的数量在WNV到来之后显著下降。欧内斯特和她的研究生司各特·克罗斯比（Scott Crosbie）所作的田野调查显示，2004年到2006年期间，它们的数量下降了至少20％。更为确切的结论尚难获得，于此亦可见此前对于种群规模的估计并没有若何坚实数据的支持。据CDC，广泛的人类WNV感染证据首先是2004年在加利福尼亚发现的，其时，脑膜炎和脑炎病例数目，从2003年的2例上升到289例。在同一期间，加利福尼亚卫生局得到报告，发现12 000件喜鹊尸体，几达80%受检尸体呈WNV阳性。

到2009年，奥杜邦学会的观察员感到，黄嘴喜鹊好像又回来了，这时，加利福尼亚州仅记录到67例疑似人类WNV神经疾患病例。这可能表明好几件事。加利福尼亚一直很干燥，这意味着没有多少蚊子。第二种可能是，WNV本身构成了选择压力，驱使黄嘴喜鹊中迅速出现更具抵抗力的家系。果真如此，在如此短的时间内发生显著异变，那就是抗病基因已经存在于首先遭到病毒打击的种群的某一个子集之中了。

第三个选项是，病毒本身发生了突变，变成了对黄嘴喜鹊不那么要命的形式。或许，随着鸟类数量的减少，为病毒自身计，它最好能选择出一些变种，让它们的维持宿主能更加机动，以便在更大地理范围内接触更多蚊子。上述剧情，究竟何者为真？我们已经具备辨别真伪的科学技术。我希望，病毒学者和野生动物遗传学者通过研究，从这些可能性里面找出真相。

第6章
扁虱，绵羊，松鸡和伟大的12日

　　尽管不知道鸟儿是不是也这样认为，但英国的松鸡狩猎季可是赫赫有名，这就是举世皆知的"伟大的12日"，因传统上英国一年一度的红松鸡大屠杀自8月12日这天开始。这个标题能唤起诸多画面：喜欢射猎的英国贵族和上层阶级，脚登棕色大皮靴，头戴猎鹿帽，手持精致的波蒂霰弹枪，不用的时候中间折起来，防止走火。

　　这样的场景在20世纪头几十年还司空见惯，但现在可是少见得多了。世界纪录是1913年8月创造的，纪录是一天内同一个场地打下了2843只松鸡。地点在约克郡扫把头猎场（Broomhead），共九条枪（猎手），其中有亚瑟·阿克兰－胡德少校（Arthur Acland-Hood），拉尔夫·佩恩－盖洛威爵士（Ralph Payne-Galloway）和李明顿－威尔逊先生（RH Rimington-Wilson），这些名字直到今天在体育名人年鉴里还能查到。朝鸟群"砰砰砰"放枪显然是这些名字中带连字符的几位爷们的极乐世界。单人世界记录是弗雷德里克·奥利弗·罗宾逊（Frederick Oliver Robinson），他是第二代里彭侯爵。他在一天中杀死了575只松鸡。里彭爵爷用了三只双管波蒂霰弹枪和两个训练有素的装弹手。非狩猎季，他打昆虫保持手眼。乔治·温莎（George Windsor），又称乔治国王五世，在约克郡道内庄园（Dawnay Estates）

度过6天，打下来1073只松鸡。（较为晚近的英国王室人员似乎更喜欢不那么要命的玩法，比如跑跑马，以跑不死为度。）

以人为猎物的狩猎季，亦称第一次世界大战，让带着数千名僮仆的松鸡狩猎阶层的嗜血无情相形见绌。然而，在那之后，20世纪20年代和30年代，松鸡狩猎仍维持在相当高的水平，20世纪30年代后才稳降下来。如今，许多狩猎组织已经销声匿迹，但那个文化还在，尤其在苏格兰高原地区。据《苏格兰人》（the Scotsman）杂志文章称，猎松鸡产业雇用人数不少于6000人，年产值达到2.5亿英镑。

松鸡不像雉鸡，不能在受控条件下孵化繁殖。所以，商业化的成功运作有赖于维持庞大的野鸟数量。作为娱乐项目，打松鸡可是非常昂贵的。狩猎组织也提供较为便宜的选择，比如雉鸡或泥鸽（clay pigeons）。然对于猎手，松鸡可特别挑战，一则它们身形小，二则它们从藏身之处飞起时又低又快。这是一个"高端"市场，现在参与的主角儿是"爱好运动的"石油大亨，实业家，银行家，金融家和高级罪犯，而不是拥有土地的贵族。在松鸡猎场玩一天枪少到底要花费15 000美元，其中有部分钱是用在了豪华的吃住上。

在狩猎季，任何威胁到松鸡供应的事情都会影响到脆弱的高原经济。所以，高原松鸡突然大量死亡辄引起严重的关注。造成问题的，过去是、现在仍然是跳跃病病毒（louping-ill encephalitis），一种由扁虱传播的黄病毒。长期以来，我的朋友休·里德（Hugh Reid）对此特有兴趣。

里德和我从年轻时就从事兽医学科研，在爱丁堡大学读博时，学位论文写的都是这方面的，那是我俩合作，对于羊和羊羔的跳跃病病毒所作的详尽分析。我们工作的地方叫作莫丽敦研究所（the Moredun Research Institute），是1920年一些农场主为治疗家畜疾病建立的。莫丽敦的科研人员始终关注影响到苏格兰经济的疾病问题，这就可以解释为什么里德后来卷入了有关狩猎日的事件。

很早就有些蛛丝马迹，暗示松鸡之死或跟体表寄生虫有干系。然而，是里德继续前行，从那片高原沼地捡起差不多所有病鸟和死鸟，从中分离出致病的病毒。兽医学里的疾病大多都有描述性病名。健康的羊只从围栏或栅栏门出来的时候，几乎会垂直起跳。在惊厥或因感染此病到了后期快要死亡的时候，也会表现出跳跃行为。与此相似，感染此病的松鸡起先也表现出步履不稳的征象，尔后瘫痪，昏迷，抽搐，最末了突然死亡。从最初症状到死亡，病程只需24～48小时。

传播跳跃病的，是多宿主扁虱（ Ixodes ricinus ）。这种虫子大约存活3年，在地上能活得很滋润。扁虱把疾病传给羊；而且有证据表明，野兔也被牵连进来。但是，病毒要想久存，扁虱对羊和羊羔的传播还是至关重要。一旦它的生命循环在草场确立，就可能让松鸡群落损失95％。扁虱攻击松鸡，吸血的时候将病毒传给松鸡；清理羽毛时松鸡会吃下扁虱，也能受到感染。松鸡基本是素食的，但也不甚严格，它们的食谱中也有昆虫和其他虫子。

早在20世纪30年代，莫丽敦的科研人员就已研发出对付跳跃病的疫苗了。所以，尽管没法直接给野鸟打疫苗，给羊和羊羔打疫苗也就间接保护了松鸡。当然，尽管由疫苗产生的抗体能阻止感染，抗体对扁虱却毫无作用；既不能防止它们爬到羊身上搭便车，也不能阻拦它们喝羊血。可以利用打了疫苗的羊作"扁虱刷"：把这些羊只放到牧场上，待扁虱登车满员之后，给它们涂上外用杀螨剂。当然，最绝的招数是除掉所有羊，但经济上那恐怕不可行。不管怎样，一片高原草场要清除扁虱，让松鸡安全，大约需要5年时间。

里德做过一些"病毒考古学"，方法是从英国和欧洲其他地区找来相近家系的病毒，将它们的基因顺序与跳跃病病毒的作一比较。他得出结论说，病毒大约400年前开始感染到苏格兰高原，那时候有一些僧侣来此地，经营起苏格兰牧羊业。于今，牧羊业的重要性大不如前：对于高原羊种的粗羊毛（地毯毛）的需求简直完全没有了。但苏格兰羊肉，羊羔肉和肉馅羊肚的市场还是蛮大的。肉馅羊肚的主料是燕麦，香料，羊肚和其他羊杂。所以，绵羊和松鸡依然是高原经济的重要组成部分，尽管两者所满足的消费群体大不相同。

在研究松鸡和跳跃病问题期间，里德也花时间跟那些猎场的经营者和业主谈话，后来发现，他们是些可敬的人，行径独特，动机高尚，紧紧依靠着祖祖辈辈深爱的土地而活。假如社会价值改变了，或者气候的变化加之疾病，将高原的商业松鸡狩猎逼到绝境，他们可怎么生活下去？里德意识到，一整个传统生活方式就会消失殆尽。还不止于此。山谷间没有人住，草场会返回到树木丛杂覆盖的原始状态。失去石楠覆盖的开阔山岭，高原的风景就要不可逆转地改变。听任其回到中世纪状态，也算不得多坏的事情，可是，可以肯定的结果是，它将变成另一个无趣的山区，变成稀松平常的单一植物松树林场了。

论起保护野生动物，有一个奇怪的悖论：把乡野栖息地从"开发地区"隔离开，允许有控制的打猎，反倒能最好地保持种群数量。为可持续性提供一个经济动机，意味着有些人可以既倡导商业开发，又能提供资源以实行监控和保护措施。美国的鸭类无疆组织（Ducks Unlimited Organisation）的假定前提就是这样。特别是对于那些自由飞来飞去、疆域不局限于狩猎保护区的野种，这确是一条可行之路。对特定的物种禁猎也是可以的，但此一物种可猎、另一物种不可猎，也会干扰到自然的平衡。有时候，像著名的美国禁酒实验一样，只会让问题更糟糕，把平常人变成小小的罪犯。

比方说，猎鹰（hen harrier）是受到保护的。但它们会吃小松鸡。所以，当猎鹰数量看起来没有因受到保护而从濒危状态有所恢复时，这件事情让爱鸟人相信，肯定有人非法杀死这些猎鹰。或许是这样吧。但是，在看管松鸡猎场的人看来，盗猎者控制威胁小型地居动物的掠食动物，如狐狸，白鼬和食腐乌鸦，的确对保护野鸟有功；不过，他们也猎杀野鸟，未免令人遗憾。有人提了个办法：把猎鹰笼养，等小松鸡长大了再放猎鹰出去。还有个办法是叫猎鹰改吃别的。总而言之，这里说的是，我们现在必须要掌控这两种野生动物的种群规模，在两者之间达成自然的、适当的平衡。当今之世，由于气候的快速变化，由于日益增多的人类入侵、毒素、废弃物和栖息地总体恶化——这些都是我们人口增加和生活方式没心没肺造成的必然结果——越来越多的物种受到威胁：实际上，这是我们在全球范围内面临的挑战。

不管我们喜欢与否，人类就是有责任管理这个星球。一方面，这个过程可能与由来已久的信念和根深蒂固的习俗直接冲突；另一方面，也跟一直以来的城市浪漫化和动物拟人化（小鹿斑比综合征，the Bambi syndrome）扞格不入。（《小鹿斑比》是一部教育儿童热爱动物的电影。"小鹿斑比综合征"意旨则是：人类虽有管理其他物种之责，然过度干预自然过程，则可能让一些弱者、幼者、病者不能死得有尊严。这种两难处境，被称作云云。—— 译者）我们的行事方式需要改变，不但要尊重科学和大自然的现实，而且要投入情感。所以，不管说到鸟类还是其他动物，我们对科学数据理解得愈多，所能设计的经济可行的解决方案愈多，结果就会愈好。当然，倡导经济发展的组织对此老有经验，所知甚多，国会内的游说政客同样所知甚多。但是，一般公众也要行动起来，多多了解，多多参与，才能在面对决策者时投出自己明智的一票。

第7章
流感在飞

我养了只小鸟名叫"恩泽",

我打开窗子,"恩泽"就飞进来了。*

(*流感的英文是influenze,拆开来读,就是in flew Enza,
"恩泽"飞进来。)

很多人想必听过这首儿歌,一开始是1918—1919年那场可怕的
"西班牙流感"大瘟疫期间小孩子唱起来的。周围到处在死人。40个
感染了这病的人就有一个没逃出来,小孩子和年轻父母也在受害者
当中。直到今天,西班牙流感仍算得上现当代传播最快、死人最多的
一段糟糕经历。在那个遥远的年头,大多数遥远旅行靠的是缓慢的船,
今天可真的是飞起来了,哪怕没有鸟的什么事儿。

说来奇怪,那段关于Enza的儿歌竟然有预言的性质:那个时候,
我们并不知道鸟类中有一个巨大的流感病毒库。尽管极为有限的几
个变种在人类群体循环,但在整个自然界里,还是水鸟,而不是人类,
维持着超级五花八门的流感病毒。实际上,如果我们单纯从传染病

角度看一看人鸟界面，流感还真是顶顶要紧的话题，很值得说道说道。在这个人鸟关系综合结里，人和鸟两面都值得好好说说。按本书的设计，用一章的篇幅是不够的。

　　这一章里说的，基本是泛泛谈谈流感病毒和流感本身；科学证据大多来自有胎盘哺乳动物，很少说及鸟类。有必要了解一点这号病毒，了解点它的遗传学原理，及脊椎动物的免疫反应是如何应对这种感染的。关于人类及其科研替身 —— 尤其是小白鼠，以流感论，尤其是白鼬 —— 疾病病程的研究，投入的资金非常之大，对于任何野鸟和家禽的研究则少之又少，不成比例。结果是，我们对鸟类流感病程的思考，居然多是建基在对于各种各样长毛戴发的物种的研究之上，而不是建基在长羽带翅的物种的问题之上。跟人类一样，鸟类显然也轻重不同地遭受着流感的祸害，就差不会跟我们诉说它们的感觉。

　　每个人都得过流感；多数人不会把流感混同于"也就是感冒厉害了点"。这当中有几个道理。"季节性"的流感定时而来，一来就又快又猛，席卷全球，有些人病情凶险，闹到进了特护病房甚至更糟糕，故惹得全世界媒体大事报道。假如仅仅因为有点忙而没去打疫苗，我们过后会有后怕、或思之脊背有一阵凉意。当然，鸟类没有后怕的问题；然而，家禽养殖户或许要寻思一下，面临流感爆发，大意到没给自己的鸟群打预防针会是什么后果。

　　然而，我们不会混淆重感冒与流感的主要原因，还在于它就是比那些引起咳嗽和喷嚏的"普通常见的嫌犯"（副黏病毒paramyxoviruses，冠状病毒coronaviruses，鼻病毒rhinoviruses）讨厌得多。最初的症状发烧，头痛，全身倦怠等等，是很多种重病毒感染都有的，包括西尼罗河病毒，日本脑炎病毒和黄热病病毒。就在我们感染之后、但最初症状来袭之前、我们还觉得相当好的时候，我们已经在向我们的朋友、家人和碰巧在飞机、火车或公车上接近我们的任何人传播病毒了。CDC一直追踪美国的"季节性"流行病。它的数据显示，这种病毒在4~6个星期内就传遍美国所有的州。相比之下，通过鸟－蚊循环史传播的西尼罗河病毒，从纽约传到加利福尼亚要花费四年工夫（见第5章）。

我们飞，人类流感也一起飞，跟喷气式客机一个速度。若是出发时身孵病毒，你很快就会明白自己为什么会感觉热乎乎的，还有些懒怠。然后，更厉害的症状开始了：咳嗽带喷嚏，肌肉酸痛，呼吸吼吼刺耳，这时候发现需要拼命喘气，因你的双肺"邦邦硬"了。病毒造成的损伤合并发炎让原本柔软粉嫩的肺脏看起来像块猪肝。仅此一样，就把我们送进了特护病房。即使呼吸问题的阶段缓过劲了，我们仍然感觉压抑沮丧，一连几个星期。

真不是什么好病，绝对是能避免就避免。对任何喘气儿的脊椎动物而言，肺部深处负责氧气－二氧化碳交换的细胞受到损害都无疑是不小的麻烦。最近H1N1"猪流感"爆发时，特护医师动用了人工心肺机为病人提供血氧，帮助他们度过危机。好消息是，至少有一些病人能完全康复。野鸟遭逢这样的呼吸危机，当然甭指望活下来。即使相对较轻的感染，都能严重限制它们飞行的能力 —— 在有些物种，不能飞行就意味着不能觅食。

流感系列的极端，无疑是最近发生的超急性"禽流感"。这场病造成了一些人类死亡案件。香港内科医师兼研究者马利克·佩雷斯（Malik Peiris）将这些病例的死因归之于"细胞因子休克"（cytokine shock），而罪魁祸首就是流感病毒。我们对这个"综合征"——姑且借用这个医学行话——的理解，目前还处于早期阶段。真实故事，似乎是呼吸道上皮层一旦感染上流感病毒，马上就做出大规模过度反应；这反应是由寄主反应因子做出的，没有针对性。

这种"直接"反应首先来自受感染细胞本身。它们立刻制造出各种防卫分子，比如各种干扰素。形形色色的早期抗病毒蛋白和干扰素（干扰感染），是最先被发现和得到命名的。然后，血液中的专业斗士大军迅速动员，开赴感染现场。这些"上了火"的白细胞——中性粒细胞，巨噬细胞，树枝状细胞和"天生杀手（T细胞）"——是所谓"先天性免疫系统"的主力队员。除了其他功能，这些细胞也向周围组织喷吐出大量有潜在毒性的分子（叫作细胞激素cytokines和趋化因子chemokines），多余的都给血流带走。所有这些都是常备不懈的，都有助于遏制感染，直到更加针对性的，或者说"适应性的"免疫反应登场——那正是我们打疫苗所要引起的——把活儿接过来，清除病毒，通常是在7~10天之后。

血源性细胞激素也助长发烧和昏睡，两者都是保护性措施，要我们放慢下来。此外，这些"化学中介"可能也是肌肉酸痛和心情抑郁的原因。

然而，多好的事也都有过头的时候。细胞激素/趋化因子通常是对人有益的，可是，它们来得太快，登场太闪亮，于是引起了细胞因子性休克。有毒的分子固然能杀死入侵者，但也能损害血管壁的完整，引起血管溃烂，大量液体泄漏到感染的组织中。病人能淹死在自己肺脏的液体里。禽类流感的超急性死亡案例中，这种效应扮演着多大角色，我们干脆一无所知。

好端端活蹦乱跳的年轻人急性死亡，原因就在于某个特殊家系的流感病毒有能耐引起这种过度反应。2009年的猪流感，虽然跟人类群体发生了交集，但总的来说还算温和，原因也是在于它没能引起过度反应。那次疫情中很有一些特别严重而很少得到理解的病例，见于孕妇。1918—1919年间的"西班牙流感"大瘟疫夺走了4 000万到1亿人的生命；是疫亦有类似的非典型"休克"症状，而且带有反常的年龄选择性。死亡估计数字差距很大，反映了当时全球性通讯交流就那样，特别是，地处偏远的殖民地那些与世隔绝的乡村，没法进行有意义的人口普查。

意识到我们迄今讨论的甲型流感病毒在自然界里是由鸟类、特别是水禽维持的，是多年之后的事情，是理查德·肖普（Richard E. Shope）首先（从猪身上）分离出流感病毒。早在1931年，迪克（理查德昵称）正在新泽西州的洛克菲勒研究所普林斯顿分所做事，他拿到了有的感染是由病毒造成的主要证据：有一种有机体无法像细菌或真菌那样在无细胞"肉糜"或血琼脂培养皿里培养，而且它体量很小。

迪克所做的是，从病猪身上取下一些组织，研磨，制成某种滤液，之后用它将一种相对温和的肺炎传播到其他猪身上。时过不久，

1933年，在伦敦穆勒山的医学研究理事会实验室（Medical Research Council Laboratories）工作的一个团队首次从人类身上分离出流感病毒，方法是将感染物质滴到白鼬鼻腔里。麦克法兰·伯内特（Macfarlane Burnet）人在墨尔本。他是研究鸡胚胎的先驱。他讲了个故事，说那回他访问穆勒山，在走廊上见一伙计，边跑边喊："白鼬打喷嚏咯，白鼬打喷嚏咯！"这就是科学研究中的激动！我和年轻的科学家们说：你们都有望在科研人生中至少有一次碰上白鼬打喷嚏。跟伯内特一样，穆勒山流感团队的人类队员也全体从英国王室得到了骑士勋章，唯一的遗憾是没给那头白鼬竖块纪念碑。

从1918—1919灾难性大瘟疫完事，到理查德·肖普分离出流感病毒，十多年过去了。那个英国团队紧随其后，成员包括威尔逊·史密斯（Wilson Smith），克里斯多夫·安德鲁斯（Christopher Andrewes），帕特里克·莱德劳（Patrick Laidlaw）和查尔斯·斯图亚特－哈里斯（Charles Stuart-Harris）。再往后，对那些病毒特性的描述又花了30～50年，而我们至今还在研究那8个流感病毒基因实际作用的方方面面。不过，有了现代技术，做事情快多了。2002年那场夺走800多条人命的可怕的SARS，其原因几个星期就锁定、弄清了。跟1931年肖普的流感分离一样，病原体也是一个见所未见的东西，是一种蝙蝠冠状病毒。

*　*　*

流感的事情暂说到这儿；我们得先了解点流感病毒的技术背景，然后才好深入讨论。流感病毒分三个类型，甲型、乙型和丙型，都是粘液病毒一家的成员。只有甲型和乙型在人类身上循环，而自然界中只有甲型感染水禽。

甲型流感病毒的基因信息是由RNA携带的。由于RNA缺乏一套用于质检的"校对"系统，这个有机体便以非常高的速率发生突变。这样的自发突变可以由抗体进行选择，偶尔也由"杀手"T细胞进行选择，后者在大约7～10天后数量质量两方面大增，直到能控制最初的感染。两下里联手，这两种不同的"适应性"免疫机制几乎能确保，无论再出现什么病毒变种，都不能在个体身上久存。然而，如有什么突变型当真逃过这两套机制，也就是说，它有非常高的适应性，它就能感染脆弱的接触者。(病毒的)偶尔成功引起新一轮"季节性"流感，一两年内就又在全球范围造成时疫。流感病毒学家和流行病学家称这种变化是"抗原漂变(antigenic drift)"，反映了如下事实：作为免疫攻击靶子的抗原蛋白自身做了修改，改头换面了。它不能被早已存在的抗体直接辨认出来，也不能触发B细胞和T细胞由上次感染或接种所诱发的记忆；新的病毒家系所表达的突变型(或漂变型)蛋白体只能由某种新的和慢得多的"初级"反应来加以清除。

不宁唯是。甲型流感病毒的基因是由8个不同片段组织起来的。所以，如果一个细胞被两个家系的甲型流感病毒同时感染，所造成的新一代病毒还能包括一些"重排列体(reassortants)"，这些重排列体中，有些基因来自一个家系的病毒，还有一些基因来自另一个家系的病毒。这种混合试验在实验室里很容易做成，是1951年由玛格丽特·埃德尼 [Margaret Edney，后来成为玛格丽特·萨宾(Sabine)] 发现的。其时玛格丽特还很年轻，在伯内特的实验室工作。这样的

"抗原漂变"能导致新的瘟疫家系的出现。

　　和伯内特一起工作的时候，埃德尼应该也学会了血细胞凝集反应抑制技术（HI）。那个方法是1941年，由洛克菲勒研究所的乔治·K.赫斯特（George K. Hirst）首先研发出来对付流感的。该技术很快就成了世界各地研究性实验室与诊断性实验室的常规技术。HI方法能检测出那些防止流感病毒绑定血红细胞（red blood cell, RBC）的抗体，那种绑定作用是粘液病毒家族的典型特点，而流感病毒就是一种粘液病毒。大多数实验室养着一只鹅，一只鸭或一只大公鸡，定期从它们身上抽血，就是用于这个目的。从正常家禽翼静脉抽取血样，分离出血红细胞，置盐液中悬浮。将混合物置试管中摇动，然后将试管置试管架上，或放少量于96孔培养盘；RBC们很快就沉到底部，形成紧致球团。趁RBC们处于悬浮状态时混入任何剂量的流感病毒，病毒表面的血凝素（haemagglutinin）蛋白（H）就会交叉连接上RBC（即"凝结"），结果，血红细胞不是凝结成球团，而是沉降下去，形成毛茸茸的晶格状物。加入的含有抗体、能够有针对性绑定流感H分子的免疫血清阻断了其中的互动，终止了网格的形成，于是就有了血细胞凝集反应抑制（HI）这个名目。网格与球团的差别用肉眼很容易看出，所以这个实验很容易做，也很灵验。

　　由于这样的抗体有不可思议的针对性，恰恰匹配上病毒H蛋白上的一个特定位点，知道了它们的浓度，也就知道了造成感染的病毒家系是什么身份，同时也就多少知道了个体被感染到底是多长时间之前的事。不仅如此。HI血清抗体滴定度在40以上——稀释混合液至低于此值，网格–球团转变就会发生——被感染的威胁就降低一半。测定 HI 的水平，我们便能够监测给与人、鸡、猪和马的任何流感疫苗的效力如何。这个抗体试验也让我们得以考察某些动物和人，比如哨兵鸡和老年人，在自然状态下暴露在外的终生历史。我们每个人都有自己的故事，而通过读取血清抗体滴定度就能讲出其中的部分。

在自然界，水禽是品类非常广泛的流感病毒的支持性宿主，这些病毒表达着大约 16 种 H 分子和 9 种神经氨酸苷酶（neuraminidase，N）分子的各种组合。数码如 H3，H9，N2，N7 云云，仅仅标记着首次发现某种病毒的时间次序。人类偶尔会受到 H5N1，H7N7 和 H9N2 的感染，然而，至少在过去的一百来年中，只有 H1N1，H2N2 和 H3N2 这三种病毒组合在人类群体中牢牢扎根。流感病毒从鸟类 "跳" 到其他物种，包括豹子，海豹，鲸和家猫。H7N7 和 H3N8 的变种甚至能在马身上维持生存，而研究人员认为，马还是 H3N8 进一步向赛用灰狗传播的根源。自从 1999 年发生这种情况后，H3N8 就在各种类型和体型的犬类中扎下根来，显系凭借从狗到狗的传播得到维持。

退回到 1959 年，有一种大约来自鸥鸟的 H7N7 病毒仅在波士顿地区就杀死了 400 多头湾海豹（harbour seals）。最近一次 H7N7 致死人命案件于 2003 年 2 月发生在荷兰，其时大概有 289 人被感染，主要是在人们致力于控制商业养鸡场鸡群疫情爆发的过程中被感染的。确切起因没有确定，但是据说是飞来的横祸：过境的迁徙水禽与散养的鸡群和火鸡群发生了交叉感染。

尽管甲型流感病毒在自然界感染水禽，但并不是说，我们染上流感通常是因为拥抱了一只鸭子，一只鹅或天鹅。人比他们危险得多。

然而，正如发生在荷兰的H7N7大爆发一样，我们当真会因身处于大数目有病的鸡群中而遭到感染。那一回，有个兽医病死了，还有其他好多人也发生了不同寻常的、由流感病毒引发的结膜炎，正是由于这种情况。可是，这个特别的病毒并没有发生改变，变得能在人群中流行了。那么，H1N1，H2N2和H3N2这些在人群中牢牢扎下根来的病毒，到底从何而来呢？

造成"亚洲流感"（1957）的H2N2和造成"香港流感"（1968）的H3N2，都源于人流感病毒和鸭流感病毒的某个家系之间发生了病毒基因重配，或"抗原漂变"。据认为，H3N2病毒的"双亲"是人流感病毒H2N2和一种鸭流感病毒H3N8。1957年，H2N2这个杂种首次袭来，引发了全球性的大瘟疫，据估计杀死了100万人。事后它让位给"香港病毒"H3N2，销声匿迹，不再在人类群体中循环，尽管有人担心，它仍然存身于别的物种之内，虎视眈眈，随时都会卷土重来，祸害人类。1968年往后，"漂变的"H3N2和H1N1相继而发，此往彼来，定期为患，造成"季节性"瘟疫，光在美国就要为3万人的死亡负责。最容易受害的是脆弱的老人；由于肺炎通常是相对慈善的下场门，所以，流感就被称作"老年之友"。

还有那个可怕的"西班牙"流感。1918—1919年间，H1N1大概杀死了1亿人之多，而那时候全世界的人口数量只有今天的三分之一。到底是哪一种病毒变体如此厉害，人们无从知晓；关于那场瘟疫元凶的身份，拿到仅有的证据是很后来的事情了。人们分析了先前感染留下的"脚印"，就是循环流通的抗体，用感染之后存活多年的经历者的血清能够测到。通过这一分析，科研人员将1918年的病毒归类，认为它是一种H1N1，跟后来在猪身上继续循环的几个家系有几分相像，但还是没有证据确定它的确切身份。后来，1977年，又来了一次H1N1人类流感，很可能是一个实验室家系的病毒逃出去造成的。这次流行颇可称道：那些经历1918大瘟疫后大难不死的老人们受到了相对的保护。那些御流感病毒于入口之外的抗体分子居然还在，这告诉我们，免疫记忆有本事存续半个世纪还多。

要最终解决1918病毒的身份问题，还有待于聚合酶连锁反应（polymerase chain reaction，PCR）技术。用这一技术能把极少量RNA或DNA扩而大之，叫它们给出足够的物质，以得出其基因序列。这个技术是加利福尼亚科学家凯瑞·B. 穆里斯（Kary B. Mullis）研发出来的，现在也用于确认强奸犯的身份和父子关系。

美军病理研究所（US Armed Forces Institute of Pathology，AFIP，在华盛顿特区）的杰弗里·陶本伯格（Jeffrey Taubenberger），动手去寻找1918病毒的基因序列，希望确定到底是什么东西叫它这么要命。他用的方法就是PCR。一开始他研究了1918年死得极快的新兵的福尔马林固定肺组织（是AFIP博物馆的标本），重建了大部分基因组。后来，约翰·胡尔廷（Johan Hultin）提供了更多材料，基因排序终于基本完成。胡尔廷也是从一个感染之后死得较快的妇女的肺脏分离出这些材料的。那个妇女死后被迅速埋进了阿拉斯加永久性冻土里。幸而她体态偏胖，她胴体上的脂肪和死后速冻都有利于保护病毒RNA，使得PCR反应能够高度保真地进行。

自1997年起，认定"遗失的"1918病毒的论文开始见于各大科学刊物。审视那个基因序列，很快就真相大白，1918年的大瘟疫是由一个突变型禽流感病毒造成的。不仅如此。人们重建了这个可怕的病原体，并且在极高的安全条件下把它传给了猴子；它引起了极端严重的病症，引发了当年马利克·佩雷斯辨识为快速死亡原因的"细胞因子风暴（cytokine storm）"。

那么，禽类的流感病毒（比如1918年的H1N1）发生了怎样的变化，致使它忽然就在人群中传播开来？荷兰H7N7的实验表明，病毒并不是那么简单，干脆从一个物种跳到了另一个物种。这些年来，很多研究致力于解释甲型流感病毒从禽到人的"适应过程"，这些研究集中于呼吸道细胞表面的H病毒分子和唾液酸（sialic acids，一组糖类）的互动上面。一方面，那些细胞的基本特性甚为普遍，不管是蠕虫，蚊子，禽类还是人类的细胞里面都有；另一方面，也有一些特性，则仅限于某种特定种，特定属，特定科或者特定纲、目。人的和鸟的呼吸道细胞表面的唾液酸是一个主题的几个变奏，并不完全相同。然而，把流感病毒放在组织培养液里培养，只要条件合适，就很容易把它们从一种形式变成另一种形式；这种跨界旅行没有发生得更加频繁，反倒让人觉得奇怪了。

有长期证据暗示，禽人之间流感的"跳跃"大多发生在东南亚的某个地方。个中原因是，这些地区一年到头又热又潮，而人们至今还过着传统的生活，跟家禽家畜密切接触。另外还有很大数量的水鸟，野生的家养的都很多。部分是由于最最最初的流感病毒是从猪身上分离出来的，所以大家有个很重的观念，认为在流感病毒的基因重配，也就是本章早些时候讨论过的"抗原漂变"现象中，猪扮演着"搅拌器"的角色。大家认定，猪既是H2N2家系瘟疫的中介，也是H3N2家系瘟疫的中介，尽管由于没掌握1918年"西班牙"流感中H1N1前驱者的情况，我们说不好当时究竟发生了什么。

为什么猪就那么重要？迪克·肖普曾认为，猪肺里的虫子或许扮演着某种角色；认为那个虫子既感染猪，也感染人。但这个想法现在被抛弃了。根本原因在于，猪肺细胞既表达鸟型的唾液酸，也表达人型的唾液酸，这就让禽病毒和人病毒的双重感染显得至关重要：有了这，任何"重配"才能发生。自从2009年年初H1N1"猪"流感在墨西哥发作以来，流感病毒能"从猪身上跳到人身上"的观念已经深入人心了。有一种病毒，多年在猪群间循环，忽然就能发生变化，变得更能传染给人。

说到跨越物种屏障，流感病毒显然是荡过来荡过去，双向跨越的。造成21世纪第一次人类流感大疫，也就是2009年"猪流感"的病毒HIN1，其组成部分就是由1917—1918年间"西班牙"流感的H1N1派生而来，其时人猪几乎同时罹难。多年之后，我们无从知晓是猪流感病毒感染到人，还是人流感病毒感染到猪；很可能，这件事永远将是个谜。1918—1919年的大灾难之后，较为温和的、季节性的H1N1瘟疫继续发生，直到大约1920年代中期，那个病毒最终从人类群体中消失殆尽。然而，好像猪们仍在维持着H1N1病毒。新近的H1N1"猪"流感之所以让病毒学家和内科医生担忧，是因为一旦它在人群中循环起来，就可能发生突变而增加毒性。没有金科玉律，教我们预言何时会发生新的流感疫情。但我们可以相当肯定，甲型流感病毒偶尔会跳跃到人类群体中，而我们既不知道将要跳槽的会是哪一个家系，也不知道这种事会在何时发生，亦不知道这个病症来到我们这儿时会有多厉害，多广泛。做主的是偶然性；像战争威胁一样，我们既需要提高警惕，也需要秣马厉兵，严阵以待。这么说似乎有点过火，但是别忘了，1918—1919 年那场西班牙流感杀死的人数超过了第一次世界大战的集体发疯。

H5N1 禽流感在人群中的死亡率达到了 60%（那还是一场动物瘟疫而不是人类瘟疫），这让我们总体上的警惕性一时间提高了不少，但是，我们是健忘的动物，什么事一旦媒体不再报道，我们就会把它忘得一干二净。

然而，2011 年 12 月，事情起了变化。媒体铺天盖地地报道了有关 H5N1 病毒基因变异的争论；那些变异对鸡群是致命的，等它传到白鼬，就有了本事在那个物种的个体之间自然传播。论起传播流感的能力，白鼬和人类是很相似的。加之 2009 年有过一次相对温和的"猪流感"H1N1，连它都会在五个月之内传遍全球，很显然，一旦它变成人流感，我们可不能掉以轻心，舒舒服服睡大觉。

第8章
禽流感：从香港到青海湖外

　　讨论过流感的一般情况，现在该集中说说鸟的事了。首先要认识的是：禽流感是自然发生的，通常是温和的，感染全部鸟类；没有办法将这些潜在致命的病原体完全清除，除非我们的小小星球变成一块干燥的、没有生命的石头。只要我们跟这些长羽毛的表弟表妹分享着大陆和海洋，我们这号的哺乳动物（还有海豹，鲸，猪，马，豹子，赛用灰狗，等等等等）就必然要这样活下去，不要有其他想法，只能认定一条：新的甲型流感病毒偶尔要从野生动物的病毒库中"跳出来"，这有时会造成灾难性的后果。

　　水禽扮演着重要角色，因为，流感病毒不像其他病毒，它最乐意生活在淡水里，这意味着池塘、湖泊和水库等地方是交叉感染的主要源头。鸭，鹅，火烈鸟，鹤，水鸡等等都要喝水。除了那些长着脚蹼的朋友们，就连更加本土、更为常见的那些通常不会游泳、不会潜水、而只会树栖的雀形目鸟类也难逃危险，比如说被感染而将病毒传播给保护条件差些的鸡窝鸡圈。干旱年头更容易发生交叉感染，因为那时候水体缩小，麻雀啦，燕子啦，椋鸟啦，都得去和水禽挨挨挤挤，分享水源。

关键问题是鸟类的多样性。某种病毒杀死一种鸟之后，很快就会在另一鸟种引起潜在的、长期的、不依不饶的感染。总而言之，对商业性养鸡场来说，有事没事挖个池塘，养上几只鹅鸭，乃是极其糟糕的想法。它们会招来随意乱飞的迁徙亲戚前来串门。这些亲戚会给它们引见某位不受欢迎的流感客人，这位客人首先会感染当地的水禽，然后扩而散之，祸延鸡群。

散养大数量家鸡和火鸡也是危险动作。散养的家禽接触野鸟的机会大大增加。大家都认为，2003年在荷兰发生的H7N7流感大爆发，原因就是这个情况。笼养鸡引起公众对于鸡类幸福的关注，这导致了地方家禽业的"去制度化"，其重点在于允许那些禽鸟过上较为自然的生活。那次的鸡瘟扩散到比利时和德国，为一个人的死负责，导致3 300万只各种家禽被处理掉。

看看从野外逮到的那些秋天南迁的加拿大雁吧。多达30%的当年小雁都在散播着这种或那种流感病毒。你从没看到、甚至都没听说过，有哪只鹅或哪只鸭病病歪歪，像是得了流感，或者有点伤风感冒是吧？道理在于，流感原是鸟类胃肠道（而不是呼吸道）所患的一种相对温和的感染。鹅鸭免疫系统工作良好，简直完美，最终能摆脱那种病原体；一连5～10天从它们的肠容物里都能检测到病毒，但那些鸟类一点也没有明显的症状。牵涉其中的不仅是野鸟。比如，健康家鸭能在实验性感染后长达17天内排泄出流感病毒。那种稀溜溜的、发白的屎尿混合物、偶尔也会砸到你我头上、网名叫作"天粪"的东西，进到水里就是极具传染性的；地面上湿乎乎的鸟粪也能久存。

带病毒的鸟粪长久存在；加之所涉野生鸟群品类之繁，数目之多，意味着那些病毒没必要改变自己、以求在禽类传播循环中得到维持。人类的情况就大不一样了。人类活得长，那些打过疫苗的人和得过流感又康复了的人，身体里都有了常青藤般的抗体，剩下的易感人口非常有限，这就把问题加剧了。病毒若不能在人际传播，就会死绝。结果，那些在人类群体中维持的流感病毒总是处于选择压力之下，要它们更换H和N蛋白马甲，以便逃过以抗体为中介的免疫检控。流感病毒的这种"抗原漂变"效应在野生鸟类中通常是极少的，可以几十年基本不用改变。

家禽的情况也是一样：甲型流感对它们基本无伤大雅，致病率很低（低致）。于是，病毒可以在鸡群中循环多年而并不造成多少问题。养殖户一般不会去费事打疫苗，但这些病毒偶尔就会发生突变，变成一种高致病率的形式（高致），从而引起大规模的致命流行。禽类的高致流感，跟平常情形中鸭、鹅、鸡感染的低致家系完全不同。这些高致病毒是全身性的，意思是它们通过血液散播，在所有器官内生长，包括大脑和肺脏。大量病禽非常虚弱，皮肤和腿上显示出血，出青（因缺氧而发紫绀），很快死亡。这病会非常严重，看着极其可怕。正常不过的反应是要问：若病的是我们，可怎么办？首先提出警告的，是那些防控禽类流感的人，他们警告说，流感对抱团而居、高度流动的人群有潜在的威胁。

据世界卫生组织（WHO）记载，从1959到2003年期间，总共报道过21次高致禽流感，发生在欧洲，亚洲，澳大利亚和南北美洲。这种由低致到高致的"转变"只见于H5型和H7型病毒，尽管低致的

H9N2和H6N2病毒有时也造成问题，跟其他病原体造成"共感染"（co-infections）。世卫组织对高致转变无疑是低估了。因为，这种事件被认识的可能性取决于农户与当地兽医部门是否做事老到。21次禽流感中，就有5次见于澳国（是由H7N7和H7N4造成的）；之所以养殖户和防疫当局都非常明白，奇异的感染能带来巨大的经济损失，是因为那里有建立已久、成绩卓著的州立和国立的动物病毒诊断实验室。

　　对病毒学家和其他流感专家来说，H5N1禽流感故事之前或许是最为戏剧性的大觉醒召唤，是1983年一场由高致病毒H5N2引起的宾州鸡流感。突然间，祸从天降，大量的鸡群在商业性养鸡场开始死亡。该病传到了邻近的新泽西州和马里兰州，最后，疫情终于通过处理掉1700万只鸡得到控制，直接损失6000多万美元。人没被感染到；而尽管最初的病毒或许来自野鸟，人们还是认为，活禽市场很可能是在整个养鸡业散播的问题焦点。鸭、鹅等等在实验室条件下能被实验性地感染，但是这些物种无一发生严重症状，也没有排出特别大量的病毒来。后来，1993年，高致鸡病在墨西哥重复出现；2006年，在南非的一家农场，60头鸵鸟死于H5N2感染。想到这些，显而易见，导致甲型流感病毒由温和型转变为厉害型的基因变异过程随时随地都能发生。

　　当时吓到了病毒学家的是，从低致到高致的转变，仅来自病毒RNA的单个位点上的突变。就是说，1983年的H5N2病毒变得对鸡群极端致命，仅仅是病毒H蛋白里的单个氨基酸发生了改变造成的结果。这之后过了很久，杰弗里·陶本伯格（Jeffrey Taubenberger）和约翰·胡尔廷（Johan Hultin）才重建起1918大瘟疫的病毒；每个人首先都在想，啊，那时候，就是这么个小到不能再小的改变，竟然就使得这个病毒从别一个物种（不是猪就是什么鸟）跳到了人类身上。第7章里提到的用白鼬进行的H5N1连续传代研究表明，只消5个突变性改变，就足以让这个禽病毒在人际随便传播；这种病毒不大感染人；而一旦感染，就高度致命。

然而，另一个可能是发生了重配，导致出现一个杂种病毒，从一个家系将一些基因带给了染禽类，另一些基因来自分离菌，能在人际自由传播。很清楚，这种事在20世纪至少发生过两回。2003年，当H7N7流感在鸡和火鸡中爆发、同时造成一些人类病例、荷兰当局必须出手抗击的时候，他们做的第一件事就是：确保给那些"接触者"接种标准的"季节性"流感疫苗，将人禽合并感染的危险降到最低——存在一个感染人的家系和一个感染禽的家系毕竟是基因重配的必要前提。一开始，有些控制病禽的人员很不情愿服用抗病毒药特敏福（Tamiflu）；后来，这种情况改变了：有个兽医感染后死了。

家禽中一场致命流感的爆发能直接威胁到人类福祉，这种认识之家喻户晓，还是1997年的事情。那年5月到11月间，一个高致H5N1病毒在香港造成6位居民的死亡，18位居民病情严重。那是H5N1家系首次登场，跳跃到人身上，造成严重的临床问题。所有证据都表明，那种病毒从3月份就造成了家鸡的死亡，但感染禽类后循规蹈矩，并未传播到人。后来做了全面检查，从野鸟到养殖场，从动物园到活禽市场，凡城市人口能直接接触到鸭鹅鸡等等的场所彻查一遍，终于拿到证据，表明问题广泛存在，涉案者方面众多。有一个报告是肯·肖特基（Ken Shortridge）提出的。肖特基当时是驻香港的高级特派流感研究员。报告说，从2.4%的家鸭、2.5%的家鹅和21%的家鸡中分离出了H5N1病毒。

中国人的传统是吃肉越鲜越好。结果是，据肖特基估计，1997年，香港有大约1000处城市活禽市场。宰杀和烹做病禽本身就包含明显的危险；另外，说鸟粪污染水源，造成感染也不是空穴来风：部分病例地点颇集中，都住在活禽市场附近。当年12月底，处理掉1500万只家禽之后，疫情结束了。

1998年，我去看望美国同道，禽流感专家罗伯·韦伯斯特（Rob Webster），那时他每年都花几个月时间帮助肖特基及其香港大学同道做"流感病毒观测"项目。罗伯带我去了一个活禽市场。那时候，鸭和鹅都已经被禁止买卖，但还是有很多活鸡在笼子里，另有一大些"散禽"窜来跑去。还有一些笼卖的小鹌鹑，笼子紧挨着鸡笼，甚至直接放在鸡笼下面。仔细看去，所有鹌鹑毛羽都炸乱着，就连我这样一个多年不做兽医的人，也不难看出它们的健康状况不是顶好。罗伯肯定地和我说，他可以捉出任何一只毛毿毿的小鸟，拿棉棒在泄殖腔一擦，就能分离出这种或那种流感病毒来。

这是关于流行病学（epidemiology）的一课，更确切地说，是动物流行病学（epizootiology）的一课。此话怎讲呢？这是因为，在希腊语里，demos指的是人，更确切地说，指的是古希腊城邦里的人群，而zoo，我们知道，指的是动物。我们一直在说的，以群体为对象的疾病研究，所谓群体，就是广大的人和动物群体。实际上，由于我们用了epidemiology这个词来指称所有物种、包括植物中的事件，

epizootiology 这个词已经愈来愈被废弃了。

鸡和鹌鹑很快就卖完了，可它们会接续感染到雉鸡、石鸡和珍珠鸡，这些卖得较慢些；这些禽鸟四下里挂着吊着，又接续感染着从农场新到的一笼笼鸡。那工夫，整个香港还没有 H5N1，至少还没有任何人知道有，但是，H5N1 从来都不是当地鸟类世界的全部敌人。1997 年禽流感爆发期间曾有一回大规模检查，查出的还有几个H9 家系。这几个家系的病毒循环较慢，感染了 0.9% 的鸭，0.6% 的鹅，4.1% 的鸡，另有 3 只鸽子也分离到了这些病毒。可是，有一次活禽市场取样就查出 36% 的禽类 H9 呈阳性！同样情形，也适用于许多大量鸟只密集在一起的场所；然而，H9 流感家系终究属于低致病毒，那时候还没有造成问题，所以没有人很为它们烦心。

痛心的是，香港大屠杀并不是高致 H5N1 病毒故事的结束。比方说，2010 年 4 月的一则新闻报道说，一名 27 岁男子在柬埔寨死于H5N1 禽流感。他是该国第 10 个感染上、第 8 个死亡的。新闻报道接着警告人们，要警惕有病家禽，一旦发现，必须向当局报告。

还是 2010 年，3 月份，世卫组织报道了 486 例人类 H5N1 禽流感病例，其中 287 例死亡，死亡率差不多 60%。到了 10 月份，数字到了感染近 500，死亡近 300。除了柬埔寨和 1997 年的香港大流行，另有人死在中国大陆，阿塞拜疆，埃及，印度尼西亚，老挝，尼日利亚，巴基斯坦，泰国，土耳其和越南。很清楚，这个病毒虽然要命，却不是很能感染人类；它们必须"跳一跳"才能在人与人之间散播。可是，病的不多，死的可不少。所以，60% 的死亡率引起了人们的关注。尤其因为这是流感。众所周知，这可是个很能发生突变（或者说基因重配）以扩展其宿主的主儿。

举例来说。现行的高致H5N1病毒，的确能轻松从鸟类跳到猫类。在H5N1病毒杀死家鸡的地方，家猫显示较高的感染率，而动物园里的老虎和豹子都有死掉，或许是因被喂了感染过的死鸡。还没有证据说猫类能将此病扩散给人，但有人担心，它们或能扮演"搅拌器"的角色（就像从前人们担心猪的角色一样），让今天在鸟际循环的病毒家系与在人际循环的病毒家系在同一个被感染的肺细胞里碰到一起。

说到人类的感染，对于那少数因H5N1而发病的倒霉蛋，人们是怎么想的呢？人们认为，他们由于跟病禽直接接触，接受了极大剂量的病毒。现在看来，只有在雾化的病毒渗透到人肺最远端，到了很小的支气管和肺泡那里的时候，这个型号的流感才能发生。病毒学家耀西由河冈（Yoshi Kawaoka）领导的团队（耀西在威斯康星大学麦迪逊分校和东京大学都有实验室）研究显示，我们的上呼吸道固然由人类型式的唾液酸主导着，然而，我们肺部深处的上皮细胞同时表达为"鸟类"型式，那正是H5N1病毒喜欢的受体。

有个经典剧情，说的是一个亚洲村庄里，有一个小农场主，他知道，他的鸡群鸭群哪怕显出一丁点H5N1禽流感的征象，就会被监管部门杀掉，之后烧了或埋了。所以，他打定主意，一看出生病的苗头，就赶紧把不好的鸡鸭分送给七大姑八大姨，至少一大家子先赚顿美味再说。他有个小儿子，也踊跃帮忙，逮了两只看上去好点的鸡，拢在胸前衬衫里，跳上自行车，就往八大姨家送去。他跟两只鸡几乎嘴对嘴喘气。鸡是感染了H5N1的。活蹦乱跳地蹬着车子，他可就把带毒的空气吸到两肺的深处去了。结果很吓人：这孩子5天后还是10天后，死于肺炎。

除了男孩的死亡，这个小故事里还有许多人间悲剧的成分。首先，杀死大量感染家禽和接触家禽减少了高蛋白供应，而供应的对象正是一些生活在营养刀锋上的人们。而今的世界上，西方人死于早期肥胖，同时，据认为还有差不多1 000万人天天吃不饱。在持续的高致H5N1动物疫病期间，至少有5亿只鸡被毁掉，或因病死，或因疾控需要被清除。

其次，杀掉鸡群减少了收入；收入减少，有很多害处，其中之一是损害了财政弹性，有此弹性，那些男人和女人就不用去做苦工，就可以送孩子去接受教育。在较穷的国度里，人们的命运和生活方式依然跟自己牲畜的健康息息相关。有句非洲老话说，"死了牛，跟着人。"鸡的情形大致也是一样，尤其在亚洲。流感扩散，人的苦难也在扩散，而不仅仅是那些感染生病的。在我们等待病毒做出"跳跃"而引起全球性传播时，我们西方人确是在守夜，但守夜是一时的；一旦记者和编辑厌倦了那些故事而切换到别的事情上去，我们很快就对它失去了兴趣。媒体里穿连衣裤戴防毒面具的人杀鸡、再掘坑掩埋的画面，毕竟竞争不过洪水、山火、地震和海啸等视觉盛宴。

可是，电视不播，报纸不报，并不意味着问题不存在了。幸而我们还有一些组织如世界卫生组织（WHO），CDC（美国疾病预防控制中心），美国国立健康研究院和美国农业部，这些部门继续密切监视着形势走向。有些人抨击联合国这样的组织，抨击全球合作的理念；这些人满脑子狭隘政治观，而没有国际科学观。他们要么站边，要么出于无知，显然不知道像流感这样的疾病构成多大的威胁，而联合国的各个部门，如世卫组织，为了我们大家的利益做了多少出色的工作。

总的来说，我们监控流行病爆发的能力和我们对基础生命科学的理解，都在一日千里地进步。快速的技术进步意味着，举个例子说，用PCR技术能将基因组放大，并在一两天内给它测序。这样，我们就能鉴定一种甲型流感病毒是否在引起比如说一场禽流感的爆发，或造成严重的人类病例。其中大部分工作是世卫组织的六个合作中心做的，这六个中心设在英国，中国，日本，澳大利亚和美国。这些研究中心再反过来联系各国政府和大学的实验室，形成更大的研究网络。我们在全球范围"实时"跟踪流感动向的能力，很可能会超过其他所有传染病，只有艾滋病可能是例外。不过，有啥说啥，流感潜在的威胁更大，因为它的嗜好是通过呼吸传播，极其快捷。

*   *   *

1997年高致H5N1在香港爆发，最终追溯到1996年在中国广东从家鹅身上分离出的一种病毒。自那以后，尽管做了大规模防控努力，包括一些失策的鸟类疫苗项目，但是，一些致命的H5N1家系一直在传播蔓延，其基因也一直在演化。颜慧玲（音），关力（音），马利克·佩雷斯和罗伯·韦伯斯特等为商业养殖家作总结如下：

> 早先报道过的高致H5和H7在家禽中的爆发，要

么被扑灭，要么被烧掉，已经销声匿迹了。目前的高致
H5N1在日本，韩国，泰国，亚洲，非洲和欧洲等地已被
扑灭——却将在较冷的几个月里卷土重来。

当涉及伴侣动物或农家动物的感染时，隐瞒当局以及各物种的
非法转移，既可能是极其危险的，本身也是刑事犯罪。作为有心公民，
任何可能引起我们注意的事件都要及时上报。粗心马虎地引入感染会
给人和经济带来风险。这也是一个普及教育的用武之地。那些可能不
太了解事态的人，有必要了解感染可能给社区带来的风险。

1997年香港流感爆发后，要命的H5N1病毒继续往南蔓延，远及
印度尼西亚。在何种程度上，疫情的分布反映了家禽的运送（常常是
非法运送），而不是野生动物的传播，尚不清楚，但人类运送无疑是
个因素。H5N1迄今还没有跳过从印尼到西北澳洲这段短短海程，这
件事可能要归因于两个地区之间不存在家禽贸易；还要归因于"华莱
士线"所标志的那道天然屏障。那条线是沿着不同地理板块间界面的
深水通道划出的，往北到菲律宾，有效分开了印尼群岛的不同动物区
系，也从生态环境方面将东南亚跟澳洲与新几内亚一分为二。这条线
无疑是一个关键障碍，保护着澳洲的野生和家养物种没受到许多奇怪
疾病的感染。此外，这些剧毒的H5N1家系也没有跨越到北美洲，尽
管野鸟从亚洲北部或俄罗斯迁徙到阿拉斯加的可能性也是显然存
在的。

亚洲与欧洲之间就不存在这样一条界线。看上去，高致H5N1
病毒西移，远至埃及、斯堪的纳维亚和英国，大部要归因于迁徙的

水禽，尽管疫情的分布表明，它们的迁徙路线尚有很多节点不为人知，但专家们正在利用无线电跟踪做进一步研究。首例由 H5N1 引起的野鸟中的致命疫情大流行发生在 2002 年，其时，在香港的奔富公园（Penfold Park）和九龙公园发现有麻雀、鸽子和许多水生物种死亡。后来，2005 年，疫情在青海湖爆发，杀死了 6000 多只迁徙水鸟；青海湖是个自然保护区，是中国西部的一个主要的鸟类繁殖地。疫情累及斑头雁，大黑头鸥，翘鼻麻鸭和大鸬鹚。后来发现的高易感物种还包括呜呜天鹅，黑颈鹤和潜鸭。

早在 2005 年，人们就已经探测到青海湖家系的长途西迁，嫌犯锁定了迁徙的鸭群。大雁被免责，是因为它们一旦感染，百分百死亡。就算在轻度感染的鸭类，该病毒也从基本是胃肠道的感染演变为呼吸道感染。发生了什么，让这个高致 H5N1 病毒变得对许多野鸟物种毒性如此之大，偶或也对由实验小白鼠、白鼬、家猫和我们所代表的哺乳动物毒性如此之大呢？关键的改变，就是流感聚合酶（PB2）的一个基因中的单个位点发生了突变；这又一次强调，这些病毒与自然界维持它们的鸟类物种之间的基因关系有多么脆弱。假若鸭群中的感染不这么温和而稍为厉害一点，那种病也将会在野生动物中把自己烧光，而这个高毒性的 H5N1 也早就消失不见了。

这个病原体为什么会在青海湖这个国家级自然保护区现身，有点让人不解。一般来讲，甲型流感病毒跟自然条件下生活的水禽保持着相当友好的关系。有个猜测似乎可信：突变发生在附近的某个密集的家禽养殖机构，尔后由斑头雁扩散到湖区。当局为了给中国西部铁路工人调剂下伙食，就启动了一些斑头雁养殖项目。从鸡到鸭的散播，不是直接的，就是水源污染带来的后果。只要有一只雁逃出圈栏，发病之前飞越不长的距离，就能让病毒到达青海湖。

通往地狱的道路往往是由善意铺成的。由于许多机构——包括美国和澳大利亚的一些援助组织——的倡导，亚洲，尤其是东南亚的家禽数量，从第二次世界大战结束以来增长了50多倍。当时的目的是促进繁荣，通过发展地方产业，为迅速扩张的人口提供他们消费得起的优质蛋白。自打1962年我从昆士兰大学毕业至今，世界人口翻了一倍还多，绝大部分是在较为贫穷的发展中国家增加的。这么多人口也意味着要养更多的猪。在温暖潮湿的环境中把所有这些物种笼盖在狭小的住处，我们就有了培养新的甲型流感病毒的理想条件，而它们迟早会跳跃到人类身上。

驱使突变型流感病毒早早出现，有一个方法就是把大量的鸡群拥挤到一起，并快速周转。更坏的是，建设高高的大棚市场，把多种鸟类聚集到一起，分批次出卖。加上跟迁徙野鸟的接触，更使情势雪上加霜。这一接触不一定非得是直接的。比如，鸡舍里的粪便用于给稻田施肥；稻子是长在水里的，那是水禽喜欢光顾的地方。这里的教训就是：若想改变自然系统的基本生态，我们也得预备控制这种改变带来的后果，而控制的背后，是基础科学带来的知识。说到温暖潮湿气候中的鸟类，至少甲型流感病毒是需要考虑的重要因素。这未必牵涉什么高端技术，解决办法可能非常低端，比如适当的废物处理。

第9章
禽流感二三子

　　禽流感的故事不是天然发生、显而易见的事件。仅凭常识不可能得出结论说，水禽是甲型流感病毒的自然宿主。鸟类学的历史可以追溯到几百年前，但禽流感及其所有分支的发现属于较为年轻的病毒学学科。做鸟类学是很棒的，尤其是因为任何有点闲暇、并愿意花点钱买一副好的双筒望远镜、野外指南和笔记本的人，都能为研究鸟类头口和迁徙方式做出真正的贡献。这个行当相当便宜，勤奋的观察者即使不具备最起码的科学资格，也可以发挥很大的作用。但是，只要甲型流感病毒与其饲养水禽的宿主足够和谐地共生共存，仅靠观察就不能证明它们的存在。

　　解决一种传染病需要培训大批的专业人员，花费大量金钱，需要专门的高科技设备，并且还需要维护高质量的重要研究机构，如巴斯德研究所，沃尔特和伊丽莎·霍尔研究所，洛克菲勒研究院，亚特兰大疾病防控中心和约翰·科廷医学院。当然，很大一部分必要的资金来自公众的钱包；这并不奇怪，因为大流行不但杀人害命，而且在政治上不受欢迎，于经济也是灾难性的。例如，2002年那场规模有限的SARS爆发，在全球造成的损失就超过500亿美元。

工业界和一些私人慈善机构，尤其是洛克菲勒基金会，英国的惠康基金会以及位于西雅图的比尔和梅琳达·盖茨基金会，也为传染病研究做出了重要贡献。洛克菲勒为虫媒病毒的早期研究提供了大把资金；惠康确实也支持了一些兽医研究，尽管对野生动物的研究投入不大。尽管如此，对于人类医学来说，甲型流感病毒究竟存在于自然界中的什么地方这个问题仍然悬而未决，因此，通过医学研究预算来筹集必要的资金是没有问题的。禽流感的详细信息是由科学家在更大学术环境中（大学医学院和研究机构）确定的，这些大学在很大程度上（尽管不是唯一）是由生物医学研究机构（竞争力较强）和兽医研究拨款（规模较小）资助的。

在我成年以后的整个生涯中，我们对禽流感的理解已经有了长足的发展。这是一个令人着迷的故事，其中的叙事涉及我的两个朋友兼同事，罗伯·韦伯斯特和格雷姆·拉弗（Graeme Laver，愿他安息），他们两人的成就都得益于伦敦皇家学会奖学金（FRS），那个奖学金曾经使艾萨克·牛顿和阿尔伯特·爱因斯坦等许多顶尖科学家脱颖而出。

格雷姆·拉弗读本科时就受雇于沃尔特和伊丽莎·霍尔学院（Walter and Eliza Hall Institute），担任不起眼的实验室技术员，同时在马路对面的墨尔本大学在职攻读了科学学位。当阿尔弗雷德·戈特沙克（Alfred Gottschalk）展示了霍乱弧菌受体破坏酶（RDE）通过分解唾液酸（神经氨酸）而起作用时，他就到阿尔弗雷德·戈特沙克的实验室中找到一份工作，这一经历最终确定了拉弗研究生涯的主要重点。1958年，拉弗在伦敦完成博士学位，之后受聘于设在堪培拉的约翰·科廷医学院新建的微生物学系（JCSMR），该系由麦克法兰·伯内特的实习生弗兰克·芬纳（Frank Fenner）领导。

格雷姆·拉弗是个无所畏惧的人，狂狷傲物而不留情面。正如罗伯·韦伯斯特所说："拉弗是一个会在浑水上浇油，然后点火的人。"多年来，他失去了许多朋友，主要是因为他不能容忍任何权威，这令许多管理者大痛其头。但是他也让世界变得更加生动有趣。

罗伯·韦伯斯特是新西兰南岛人，毕业于达尼丁奥塔哥大学的微生物学专业，当时该大学拥有非常强大的微生物学课程。他继续在孟菲斯的圣裘德儿童研究医院（SJCRH）从事流感研究，在此期间，他把我招来在同一领域工作。我的专长是宿主响应，他则专管病毒方面。这是很好的协同作业。

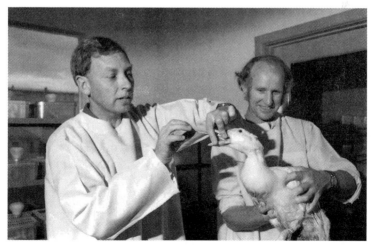

格雷姆·拉弗（左）和罗伯·韦伯斯特（照片由澳洲国立大学JCSMR多媒体室提供）

拉弗和罗伯的合作始于他们在堪培拉与罗伯的博士生导师斯蒂芬·菲兹卡斯（Stephen Fazekas）进行的三向互动。拉弗以在堪培拉的研究生涯为基础，又到罗伯的SJCRH实验室访学，期间大部分时间就住在罗伯家里。我们经常看到他们在一起的场面。

多年来，罗伯和拉弗一直密切关注流感，做了很多工作，包括清楚地表明是抗体驱动了抗原漂变，增进了我们对病毒重组的遗传学的理解，还开发了第一只"裂解"流感疫苗。正是这种对于披着各种伪装的流感的努力理解，最终导致他们更加具体地研究禽流感。

早在1962年，就有研究发现甲型流感病毒是造成南非燕鸥大量死亡的原因，但后续研究没有跟上。随后，时任磨山（Mill Hill）世界卫生组织流感中心负责人的巴西病毒学家赫里奥·佩雷拉（Helio Pereira）决定仔细研究鸟类的流感。他和捷克科学家贝拉·图莫娃（Bela Tumova）在罗伯·韦伯斯特作为休假访问学者加入之时，已经分析了大约15种不同的禽源流感病毒。三个人共同为《自然》杂志撰写了一条短笺，其最后一段是这样的："这些发现提出了许多有趣的问题，涉及人与动物流感病毒之间的可能关系。如果在1957年之前就分离出A/Turkey/Massachusetts家系毒株，那将很容易显示，当时的人类A2亚型流感是禽源的。"然而，他们能否找到证据，证明这些病毒确实是从鸟类传播到人类的呢？

不久之后，在20世纪60年代初期，拉弗和罗伯一起沿着堪培拉附近的一片海滩散步，被大量死去的鹱鸟惊呆了。这样的"破坏"会不会是流感造成的呢？在北极与澳大利亚海岸之间一年一度做漫长迁徙的过程中，鹱鸟会带来流感病毒吗？作为科学家，光推测是没有意义的。他们得研究一番。

拉弗要求他的老板戈登·阿达（Gordon Ada）用大学资源资助实地研究。不出所料，戈登斥责他"瞎整"。在戈登看来，这显然又是拉弗的一个花活儿，他没有办法将纳税人的钱分配给这种疯狂的冒险活动，其中包括追逐鸟类。拉弗便与马丁·卡普兰（Martin Kaplan）取得联系。马丁·卡普兰对禽流感的潜在重要性也有浓厚兴趣，当时正领导着日内瓦的世卫组织人畜共患疾病计划（调查从动物到人的传染病）。马丁为拉弗提供了一笔额度为500美元的巨款，用于开发一个诱捕和抽样项目，以调查甲型流感病毒在海鸟中的分布方式。

短尾鹱（the short-tailed shearwater）在巴斯海峡的海岸线和近海岛屿上筑巢，这一带有些寒冷的海域波涛汹涌，拍击着墨尔本附近朗斯代尔角近旁的海岸，他们就是在那儿安营扎寨。这一野外工作另有一件不惬意处，那就是，他们往往要跟富有攻击性的剧毒大型盾鳞棘背蛇分享洞穴。对于拉弗的计划而言，幸运的是，楔尾鹱（the wedge-tailed shearwater，短尾鹱的近亲）并不是全部向南迁徙。因此，他的海鸟调查工作的重点将是楔尾鹱和其他水生鸟类，这些水生鸟类常去光顾澳大利亚大堡礁那些更温暖、更吸引人的热带岛屿。拉弗选择了距昆士兰州海岸约50英里的泰伦岛。后来，这成了当地一年一度的盛会，在诸多"拉弗奇观"中排名很高。流感研究界的许多人参加了这项调查之旅，其中包括长途的怒海乘船，有些时段相当艰难。

拉弗一直惦记着他在戈特沙克担任初级技术员时首次遇到的流感神经氨酸酶（N），于是便使用了神经氨酸酶抑制试验来调查鹱鸟中的流感病毒特异性抗体。当他发现团队收集的320种禽血清中有18种对N2抗体呈阳性反应时，就在第一次旅行中规划了进一步的考察研究。1957年，H2N2"亚洲"流感病毒引起了20世纪的第二次大流行，因此看起来他们可能正在接近一个重要发现。多年来，他们还从不同的海鸟中分离出了几种甲型流感病毒，这些鸟里就有楔尾鹱。但是，事实证明，最重要的还是从黑诺第燕鸥（black noddy tern）中获得的H9N9病毒。

H9N9禽流感病毒至少在实践上为格雷姆·拉弗的最大科学成就提供了基础。拉弗初出茅庐就学会了培养晶体。在生物化学和物理学之间，有一门交叉学科，我们现在称之为结构生物学。在早期，是用X射线的强烈辐射轰击纯化分子晶体，但现在是用回旋粒子加速器（同步加速器）的束线。记录X射线或电子束的位移会产生衍射图，然后由非常聪明、训练有素的人们进行"解析"，得出DNA或蛋白质的三维结构。现在，计算机是很大的助力，但是在早期，使最终建构"可视化"的许多工作，都是在人的头脑中完成的。

早在20世纪70年代中期，拉弗设法做出了一些次优的N2扁平晶体，即使如此，它们的质量也足以让X射线晶体学专家彼得·科尔曼（Peter Colman）和他的墨尔本CSIRO蛋白质化学研究小组确定了流感神经氨酸酶的基本结构。但是，最壮观的晶体还是从他们的大堡礁黑诺第燕鸥病毒中的N9型中产生的。

　　从科学意义上讲，确定流感神经氨酸酶的实际外观是令人着迷的，但它也具有实用价值。了解了结构后，他们便可以确认可切割唾液酸键的分子区域，并使新制造的病毒从垂死的细胞中释放出来。科尔曼会合了年轻的碳水化合物化学家马克·冯·伊兹斯坦（Mark von Itzstein），他就在同一条街上的维多利亚药学院任职。马克使用计算机建模方法设计了一种小分子模拟物，该药物通过与活性位点结合来阻断流感病毒神经氨酸酶的功能。结果便是第一个特效的抗流感治疗药物扎那米韦（zanamivir），后来以乐感清（Relenza）的品名推向市场。乐感清还是结合结构生物学分析和计算机模拟产生的最早的疗法之一，后来，这一路径成了合理药物设计的基本过程，是制药业的圣杯。

　　拉弗继续将他的大部分科研努力集中在神经氨酸酶的生物化学上，与此同时，罗伯则逐步建立了一个全球性的甲型禽流感病毒监测网络。流感病毒监视涉及给受感染的鸟只放血，以提供血清进行抗体分析，更重要的是，对粘膜部位取样以寻找传染性病毒或其足迹。使用现代PCR技术使后一个过程变得更加简单。对于人类，标准方法是拭鼻；但禽流感通常是鸟类的胃肠道感染，因此需要探拭泄殖腔。基本上，韦伯斯特和他的同事们大部分时间就是探拭地球上各种鸟类的后窍。于是，这一成就时不时就成了人们茶余饭后的笑谈。

　　从俄罗斯苔原到南极洲，罗伯一直追逐着禽流感病毒在全球漫游。拉弗有时会紧随其后，尤喜欢随探险队去一些荒诞不经的地方。罗伯有位亲密的孟菲斯同事——对鸟病深具歧视性而行事颇有戏剧性的艾伦·格兰诺夫（Allan Granoff），也被他们说转，陪同他们前往秘鲁近海的瓜诺群岛。那些小岛是由几千年来积累的鸟粪构成的。艾伦彻底浸入了鸟粪灰尘，过了些时，他提出，他干脆改名为"瓜诺夫"得了。

罗伯·韦伯斯特已过古稀之年，最近退休了，至少他自己声称如此。但据我所知，他仍然状态良好，并定期在世界各地飞来飞去，与从事禽流感工作的人员进行磋商，并就禽流感防控事宜向政府和监管机构提供建议。

格雷姆·拉弗没有意识到或拒不承认自己患有致命的癌症，结果，在飞往莫斯科参加一次流感会议的途中，在莫斯科上空栽倒在飞机上。各国空管当局将所有领空一路清理到伦敦，以便他尽快得到医疗救助。这就是格雷姆·拉弗：退个场都搞得如此隆重，非得叫人一惊一乍。我们大家都想念他。

第10章
虫虫侦探

　　到此为止，关于病毒我们已经讨论了很多，但是我们很大程度上忽略了其他更为复杂的传染性微生物的微观世界，这些微生物会在鸟类以及像我们这样的哺乳动物中造成严重的疾病。病毒无疑也属于"虫虫世界"，但像我这样的病毒学家，还是倾向于使用"虫虫"一词来描述林林总总的细菌、真菌和寄生虫。与病毒不同，它们不一定依赖于使用某些宿主细胞的内部机制才能在自然中生存。尽管流感病毒只有8个基因，但最大的病毒（痘病毒）大约有250个，几乎与最小的细菌（支原体，有450多个）一样复杂。导致沙眼和鹦鹉热的衣原体有900多个基因，脑膜炎奈瑟氏球菌（儿童脑膜炎的罪魁祸首）则为2000多个基因，引起各物种结核病的各种分枝杆菌约有4000多个基因，不同的疟原虫则有5000多个基因。

　　将取样涂在载玻片上，用适合于光学显微镜分析的化学染料染色，有经验的观察者很容易就能看到这些较大的寄生虫。这使它们比病毒更早得到了研究，而病毒只有通过功能强大的电子显微镜才能看到。因此，专注于这些较大的虫虫可以让我们对传染病研究的相对较短的一段历史有所了解，并讲述几个有关鸟类研究如何对19世纪下半叶发生的科学认识革命做出巨大贡献的故事。

* * *

有些事，先前人们是怎样想的，我们很难讲得好。但是有一个简单的事实：许多对我们至今体验世界的方式做出了巨大贡献的人，从荷马，圣保罗和莎士比亚，到莫扎特和简·奥斯丁，完全无视生活在每个脊椎动物种身体之内或之上的成千上万种微生物。比如说，他们不知道，成年人的体重当中，至少包括了1~2公斤通常无害的肠道细菌，这些细菌既为我们提供了诸多必需的营养，又在胃肠道的犄角旮旯和沟沟缝缝中占据了"空间"，抑制了潜在的危险虫虫的生长。

但是，只有肉眼无法看到的那些寄生虫和其他污染性生物逃过了我们祖先的注意。随着航程从数周延长到几个月，18世纪英国皇家海军的每一个水手都对他们"硬派"饼干和咸猪肉中蠕动的象鼻虫熟悉不过。古埃及人描述了在我们的胃肠道（以及我们的鸟类堂兄弟姐妹的胃肠道）中生长的轮虫和绦虫。毫不奇怪，他们还知道雌性线虫（female guinea worms，营孤雌繁殖——译者）会从人的皮肤溃疡中可怕地出现。还有各种各样的昆虫，它们像一些蠕虫一样，如其说是感染我们，倒不如说是骚扰我们。当我们在草丛和潮湿的环境中行走一程子之后，发现自己不知不觉地成了几只扁虱或水蛭的宿主，这乃是难以错过的经历。

有些寄生虫甚至引起了伟大诗人的注意。罗伯特·彭斯的《致虱子》记载了一次相遇，这种相遇在18世纪可能比现在更加频繁。宗教异议者威廉·布雷克（William Blake，1757 — 1827）在他的前狄氏杀虫剂时代昆虫诗《苍蝇》（The Fly）中咏普通的家蝇道：

那么，我是只快乐的苍蝇吗，

如果我活着？

然而，要是我死了呢？

当然，布雷克没有意识到他的"快乐苍蝇"携带着细菌，会污染暴露在外的食物。

比他年轻的同时代浪漫主义诗人约翰·济慈（1795—1821）和珀西·比舍·雪莱（1792—1822）也对传染性微生物一无所知。两人都喜欢写昆虫，但那是为了庆祝春天的万物复苏，而不是从虫害的角度出发。即便如此，据说他们俩和他们的朋友柯勒律治还算是多少了解点科学知识的诗人。然而，当雪莱写长诗哀悼25岁英年早逝的济慈，起头一句说："啊，我为阿多奈人哭泣——他死了"的时候，他却不知道是什么原因导致这种疾病，害死了他的朋友。约翰·济慈在15岁时失去患肺痨的母亲。那是一种慢性衰弱性肺病，我们现在称之为结核病（TB）。然后，当他接手抚养他的兄弟汤姆时，他恐怕更厉害地接触了结核杆菌。汤姆·济慈于1818年去世，1821年，约翰·济慈死于同样的感染。次年，雪莱在意大利的一次划船事故中溺水身亡。尽管原因有所不同，但这两个人离开了世界都是因为他们的肺部充满了液体，让他们无法呼吸，于是也就没有氧气好让自己的红血球运送到他们那毫无疑问的上等大脑。

然后，世界等待了60年，直到1882年，德国伟大的微生物学家罗伯特·科赫（Robert Koch）才报道他成功地发现了人类结核病的原因——结核分枝杆菌。人类已经存在了大约12万~20万年，而回想济慈和雪莱，我们只需要回溯不到两个世纪。尽管两人都是英语语言的大师，但他们完全不会熟悉"微生物学家""细菌""遗传学""结核"和"DNA"等等这些辞藻。雪莱根本不会知道，因他的名诗而得到永生的云雀，可能会以和他的朋友济慈几乎相同的方式死亡，那就是暴露于跟人类结核杆菌关系近密的鸟分枝杆菌。该生物已被证明在许多鸟类（包括澳大利亚食火鸡）中引起结核样病状，如果我们受到免疫抑制［例如，因为艾滋病，老龄或使用细胞毒性药物（用于癌症）］，就可以将其传播给我们。鹦鹉一族特别容易受到威胁，而我们当中有些人的生活当然非常接近鹦鹉。

人们在19世纪中叶之前就已经有了"传染"的想法，但他们只知道蠕虫和扁虱等可见寄生虫的侵扰，而不知道那个看不见的微生物感染的世界，更不可能想到那两个世界之间有若何联系。相反，他们的看法早就被所谓"瘴气"先入为主，例如，在潮湿的沼泽地出现的危险雾气有造成热病和死亡的危险。很容易看到，这种思想渊源有自，因霍乱和伤寒等确与水源性细菌有关，而疟疾和黄病毒脑炎等由蚊子传播的感染也跟水湿难脱干系。尽管（与人为气候变化一样）科学界花了数十年的时间才说服那些不愿检查证据而宁愿死守其他解释的人，但路易·巴斯德（Louis Pasteur）在19世纪60年代初终于用实验消除了瘴气之为疾病原因的想法，证伪了病原体自发产生说，而确定了传染性微生物是独立的、可传播的实体。

基于巴斯德的发现，罗伯特·科赫尔后列出了后来被称为"科赫规则"的基本条件：

○须在所有患有该疾病的生物中找到大量的微生物，但在健康的动物中不应发现；

○微生物须从患病生物中分离出来并在纯培养物中生长；

○将培养的微生物引入健康有机体后须引起疾病；

○须能从接种的、患病的实验宿主中重新分离出微生物，并鉴定为与原初特异性病原体相同。

如果我们撇开艾滋病的情况不论——那是人体免疫系统的破坏导致了虫虫［如隐孢子虫（*cryptosporidium*）和肺孢子虫（*pneumocystis*）］的入侵，这些虫子通常是良性地生活在肠道或呼吸道的黏膜表面，或像鸟分枝杆菌一样，如果我们在自然中遇到它们，则很容易控制它们——科赫的规则仍然是正确的，能满足本书中讨论的所有鸟类感染。

除了对人类疾病的理解做出了巨大贡献之外，巴斯德还有可能享有最早鸟虫侦探的大名。他研究了禽霍乱，这是一种对家禽和野鸟都具有高度致死性的细菌感染，可以像高致禽流感一样迅速致死（第8章）。经过多年失败之后，巴斯德和他的团队终于研究出如何在肉汤中培育禽霍乱病菌，现在称为多杀性巴斯德氏菌（*Pasteurella multocida*）。然后，实验室中的所有人都放了暑假，一些培养物也被一放就是一个月。回来用它们进行注射后，这些"老龄"培养物无法满足科赫规则，不再造成严重疾病。当发现幸存的鸡能抵抗多杀性巴氏杆菌的第二次挑战时，重大发现来了：巴斯德和他的年轻同事查尔斯·钱伯兰（Charles Chamberland）偶然发现，"减毒"或减弱某种传染原导致了保护性疫苗的开发。他后来将这种方法应用于炭疽热。从那时起，各种减毒方法（通常是通过细胞培养、鸡胚或实验室小鼠体内培养等各种形式的连续传代培养）已成为当今大多数活疫苗开发的基础，包括可保护我们免受小儿麻痹症，麻疹和黄热病的疫苗。

继爱德华·詹纳（Edward Jenner）在1796年发现接种牛痘可预防天花病毒的攻击后，巴斯德和钱伯兰于1880年对鸡霍乱进行了研究，这是第一项真正的疫苗接种研究。詹纳太了不起了，他学习了伊斯兰世界以及更早的中国人的榜样，通过将未经减毒的牛痘病毒划入儿童的手臂来进行预防，而完全不知道该病是怎么感染的。与此相反，巴斯德和他的所有后继者都知道自己在做什么，为什么这样做。

巴斯德的影响是巨大的。到1886年，他的学生，兽医埃德蒙·诺卡（Edmond Nocard），已经从鸟类中培养出鸟分枝杆菌。1888年，诺卡还发现了诺卡氏星形菌（*Nocardia asteroides*），这是一种引起结核样肉芽肿病的生物。尽管它是禽类疾病中相对罕见的原因，但已从病态的鹦鹉、秧鸡和其他一些物种中拿到了它。然后，在接下来的十年中，他和巴斯德研究所的另一位科学家埃米尔·鲁克斯（Emile Roux）又首次发现了支原体，该支原体可以在大多数陆生脊椎动物中诱发呼吸道症状，有时在人类中也能致病，被称为"行走疾病"。不过我们通常对之不屑一顾，认为那不过是一场轻微的感冒，而不会把我们放倒在床上或电视机前的躺椅上。禽源性支原体（*Mycoplasma gallisepticum*）可在火鸡中引起严重的鼻窦炎，并在鸡、鸽子和其他野生鸟类中引起缓慢发作的慢性呼吸道疾病。于迁徙鸟类，此类感染可能就成问题了，因对于这些长途旅行者而言，生存与死亡之间的边际可能很小。

在 19 世纪下半叶，巴斯德和科赫确立了感染的基本原理后，随之而来的新技术让人们得以迅速发现病毒。通过添加各种"生长素"并调整培养条件，巴斯德营养肉汤支持从患病器官中分离出来的微生物的能力得到了提高。人们发现，某些微生物需要氧气的存在（需氧菌），其他微生物（厌氧菌）则不需要。毫不奇怪，既然在肺里生长，结核分枝杆菌，鸟分枝杆菌和小行星淋巴瘤都是专性（绝对）需氧菌，而感染脊椎动物胃肠道的许多细菌都是厌氧。微生物，当然还有来自雏鸡胚胎和其他来源的脊椎动物细胞，可以在鲁克斯烧瓶中培养，该烧瓶以另一个著名的"巴斯德派"研究者命名。那些早加入游戏的人享有广泛的命名权。巴氏灭菌法是另一个例子。

如果您得到了一个印象，认为关于重要细菌的所有早期工作都在巴黎或柏林完成，那么我要提一下，美国人西奥博尔德·史密斯（Theobald Smith）发现了肠道感染的主要原因之一。史密斯和他的老板丹尼尔·沙门（Daniel E. Salmon）在美国农业部新成立的动物产业局（BAI）工作，于 1886 年发表报告，描述了我们现在称为肠沙门氏菌的分离。尽管该虫虫以沙门命名，但该发现归功于史密斯。

西奥博尔德·史密斯的父母是德国人，他的德语很流利。尽管现在大多数主要研究论文都是用英语发表的，但是在第二次世界大战之前，情况可并非如此，当时仍然有很多法文和德文的科学文献。能够阅读德文,让史密斯得以参阅科赫及其同事们的工作。他很快将他们所描述的技术应用于BAI(Bureau of Animal Industry,畜牧局)的工作中。从那时起,微生物学家已经鉴定出数千种肠道伤寒沙门氏菌变种,包括人类伤寒的罪魁伤寒沙门氏菌(*S. enterica typhi*)。

沙门氏菌也是鸟类的一大祸害,喂鸟器则是传播到野生动物的重要原因。家禽的疾病通常是慢性的,其结果通常是蛋壳受到污染。然后,即使有轻微的裂纹,细菌也可以进入富含蛋白质的环境,这种环境(在受精卵中)本是要滋养发育中的雏鸡胚胎的。结果,沙门氏菌成了导致人类食物中毒的非常普遍的原因,尤其是在鸡蛋没有经过适当清洗,来自受污染场所(如爱荷华州,2010年发生),或在温暖的条件下搁置、而细菌能够快速生长的情况下。

西奥博尔德·史密斯先生还推测了蚊子在传播疟疾中的可能作用,疟原虫则是法国科学家阿方斯·拉弗兰(Alphonse Laveran)于1880年发现的。拉弗兰和著名的英国研究者帕特里克·曼森(Patrick Manson)首次发现、确证了疟疾的原因,两人得出了相同的结论,然而像史密斯一样,他们对疟疾−蚊子的界面并不了解。那将由罗纳德·罗斯(Ronald Ross)稍后解决。

拉弗兰荣获1907年诺贝尔奖,曼森则因以他的名字命名的曼氏血吸虫(*Schistosoma mansoni*)而名留青史。这帮小小的恐怖分子把卵产在肝脏、脾脏和肠道中。尔后,大量的炎性白细胞围绕着虫卵,引起占据空间的肉芽肿(硬块),造成严重的临床虚弱乃至死亡。水禽还会感染不同的血吸虫,那些虫虫的一部分生命周期在田螺中度过,并导致不那么严重的人类问题，即游泳者瘙痒征。这是由幼虫期（自由游动的尾蚴）侵入人体皮肤所致。淹没在稻田或泥泞的池塘中可能会导致一两个星期的不适感，这些不适感是由摆脱这些"异物"的反应引起的。这种禽类的血吸虫性瘙痒导致处在亚热带的昆士兰州大学举行的新生入学典礼上禁止"泡池塘"活动，我读本科时参加过那项活动。幸运的是，禽血吸虫在我们体内达不到成熟期。尾蚴很快被炎症反应所消除，同时消除的还有抓挠的欲望。然而，曼氏血吸虫卵更厉害，难以摆脱，于是成了肠道血吸虫病症状的原因，该病严重程度不同地祸害着热带国家的约2亿人。

罗纳德·罗斯（Ronald Ross）出生于印度的一个英国侨民医生家庭，在伦敦获得行医资格，曾经跟曼森一起工作了一段时间。1895年，罗斯被派到塞康德拉巴德（Secunderabad）的陆军中去做医官，他用幼虫繁殖出蚊子，让它们叮咬疟疾患者，然后将血液中充满疟原虫的蚊子捕获，以便日后解剖。一旦你知道要寻找什么，就可以在显微镜下轻易地看到各种生命形式的疟疾。继拉弗兰和曼森的早期研究之后，罗斯终于能够追踪这些原生动物从人血逃逸到蚊子体内的过程。在班加罗尔继续做实验时，他还研究了曼森提出的想法，即人们喝了被病死蚊子污染的水时会感染疟疾。经过大量的努力，罗斯无法支持水传假设——那对鸟类的血吸虫病来说自然是正确的，对所有形式的疟疾则都是错误的。

罗斯于1897年回到塞康德拉巴德，继续用蚊子叮咬被感染病人的方式进行实验研究，并首次做出重大发现。经多次仔细详尽的解剖研究，他发现疟疾寄生虫在蚊子的胃壁中繁殖。罗斯很高兴。蚊子在疟疾传播中扮演的角色终于跟他面面相觑。传播必定是在蚊虫叮咬和吸血时发生的。他现在所需要做的只是做必要的实验。

然后，灾难降临了，至少他一开始认为是这样。罗斯被转移到加尔各答，那里疟疾的发病率很低。他是现役军官，无论如何，当时担任的工作中，很少能给他机会，让他可以从事任何形式的科学研究。罗斯不能干脆丢下"俗务"，辞去现职，前往加州大学洛杉矶分校或哈佛大学。一日，他蓦然想起：鸟类也得疟疾。正如他在1902年诺贝尔奖演讲中所回顾的那样，"然后立即采购了许多乌鸦，鸽子，纺织鸟，麻雀和百灵，并立即进行了实验。"

罗斯研究了两种不同的疟疾类寄生虫：一种他称为梭状芽胞杆菌［*Halteridium*。现已分类为血生变形杆菌（*Haemoproteus*）］，另一种是 *Proteosoma*（现在称为疟原虫）。在显微镜下看，他可以明白不爽地分辨出它们之间的区别。他很快证明，灰色蚊子（*Anopheles*，按蚊）在接触传播疟原虫（但不是*Halteridium*）的麻雀后被感染，随后又将同一寄生虫传播给无病麻雀。罗斯使用禽类疟疾模型确定，尽管最终发现二者的生命循环史相同，但人类疟原虫和鸟类的截然不同。此外，他确定这两种原生动物菌株是由不同种类的蚊子携带的，并毫无疑问地证明了：当脊椎动物被感染过的蚊子吸食血液时，疟疾就会传播。

罗纳德·罗斯是一个有趣的角色。他还绘画，写作并出版过戏剧，小说和诗歌。1897年，他为庆祝自己的第一个重大发现写下了以下数行：

今天，设计之神

将奇妙的小东西

放在我手中。赞美你啊

上帝！应你的命

我发现了你秘密的工。

哦，万千的死亡，

我知道这小东西

将拯救成百万人。

哦，死亡之吻，你在哪里？

等待你的，是胜利，还是坟墓？

当然，他不是济慈也不是雪莱，但他是一位伟大的科学家（也是一个苏格兰佬，所以他把"谋杀"写作"mudering"而不是"murdering"）。罗斯获得了有史以来第二个诺贝尔医学奖，尽管显然没得文学奖。第一位医学诺贝尔奖得主（1901年）是与罗伯特·科赫合作的埃米尔·冯·贝林（Emil von Behring）。科赫因发现结核杆菌而在1905年获得认可；巴斯德要是拿奖，则几个诺贝尔奖都拿了，但他死于1895年，太早了些。尽管他的大部分出色工作，包括发现多杀青霉疫苗（*P. multocida*），都是在他已过45岁，遭受了严重的中风之后完成的。那使他瘫痪了一段时间，并从此跛行了一辈子。这些家伙都是"硬骨鸟"，鸟类是他们人生故事的一部分。

第11章
夏威夷大清除

　　夏威夷被正确地视为冲浪的发源地，每个冲浪者也都对那里海滩大清除的现实非常熟悉。不过，我们这里要说的清除，与管状浪、海滩冲沟、及被头朝下扔到拉尼凯湾（Lanikai Bay）或汉纳莱湾（Hanalei Bay）上的沙子无关。我们要说的，是疟疾对夏威夷鸟类的灾难性影响。

　　传染病专家对此的直接反应，可能是宣布夏威夷没有疟疾问题。如果我们仅谈论由恶性疟原虫（*Plasmodium falciparum*）或间日疟原虫（*Plasmodium vivax*）等寄生虫引起的人类疾病，那确是事实；然而，当我们将关注范围扩展到夏威夷群岛的鸟类时，情况肯定就不是这样了。像西尼罗河病毒这样的病原体，可能会对鸦科鸟类、猛禽和我们人类有致命危险（见第5章），并且，由于担心自己面对疾病的潜在脆弱性，人类共同体对此类感染的认识也大大提高了。但是，鸟类也有自己的寄生虫，这些寄生虫可能会对某些特定鸟类物种造成灾难性的生命损失，而不会给人类带来直接风险。

　　因此，在夏威夷，关于疟疾的任何讨论都会将重点放在疟原虫造成的野生鸟类灾难性灭绝上。卡特·阿特金森（Carter Atkinson）

和他的几位同事描述了这种寄生虫感染夏威夷绿雀（Amakihi）时会发生什么。夏威夷绿雀是原产于夏威夷群岛的多种蜜旋木雀（honeycreeper）之一。这些颇有个性的鸟类被困于凉爽的高海拔地区，那里没有蚊子。可是，当它们被带到海平面高度时，情形就不一样了：

> 暴露于单一传染性蚊虫叮咬的夏威夷绿雀死亡率为65%。在60天内，所有受感染的鸟类的食物消耗量均显著下降，体重相应减少。肉眼可见和显微损害包括脾脏和肝脏肿大、变色以及寄生虫血症（parasitemias，即血液细胞感染），后者中，累及的循环红细胞高达50%。

对禽类病理学的这番描述，也很好地适合于人类疟疾 —— 那是更为常见的疟疾形式。

此外，发烧，食欲不振和体重减轻等症状，是感染西尼罗河病毒的人类和鸦科鸟类的共通特征。像疟疾一样，黄热病与严重的肝脏病理相关，但鸟类不是黄热病病毒的自然宿主。疟疾造成的损害，病理是寄生虫性红细胞阻塞了微循环，而不是肝细胞的直接感染。在所有拥有自己疟原虫的脊椎动物中，这种"机械性阻断"作用也可能伴有致命的神经系统症状。

说到病程，我们行星各生物区系的毛族和羽族皆为疟疾所累，并以非常相似的方式做出反应。给病体切口，将器官暴露在外，并对组织作显微镜分析。死人的器官、死鸟和已死实验小鼠的器官虽然大小明显不同，但在病理学家训练有素的眼睛看来，并无太大差异。这种相似性可能反映了共同的进化历史，也可能因为我们都是神的造物，或两者兼有，依你的观点不同而异。不过，要将恶性疟原虫、黄热病病毒和西尼罗河病毒等这些可怕的病原体纳入任何非达尔文主义世界观是有点难度的 —— 它们是难以测度的，至少跟一个可亲而贴心的神灵不甚切合。

　　疟疾的生命史相当复杂，在此我不打算详细介绍。简而言之，从脊椎动物宿主（鸟类或人类）的角度来看，首先发生的是，蚊子叮咬，或其他种形式的疟原虫随蚊子的唾液进入被叮咬者的血液。随后是寄生虫在肝脏中增殖的阶段，在此阶段，更多的寄生虫被释放到血液中。它们侵入循环中的红细胞，引起寄生虫性血病，而寄生虫性血病又为任何前来就餐的处女蚊提供了感染源。诊断疟疾很容易。血液涂片上涂有简单的化学染料，如吉姆萨（Giemsa），使用任何本科生生物学实验室中所用的显微镜，就能轻松观察到寄生虫造成的红细胞内黑点。感染的进展和严重程度可以通过简单地计数包含或不包含黑点的红细胞数量来加以衡量。

　　回想夏威夷的美好时光，那个没有禽类疟疾问题的极乐时代，也不是不可以。但我们需要追溯近200年，直追到路易·巴斯德（巴黎）和罗伯特·科赫（柏林）给传染病建立细菌学理论的那个时候。当代分子科学的力量强大到从一开始就说明了1999年西尼罗河病毒的流行，对夏威夷早期发生的情况的了解，却基本上取决于早期博物家和鸟类学家通过仔细观察而作的历史重建。

有组织的科学存在的时间，比我们大多数人想象的要长。早在19世纪后期，伦敦皇家学会等欧洲学术机构就已经将研究人员派往夏威夷，以测度和记录这种独特的岛屿生物群系是何种现状，又发生了什么。尽管技术发生了翻天覆地的变化，但它们遵循的基本科学规则跟我们现在遵循的毫无二致。尽管当时的专业科学家人数要少得多，但他们的生活一样为假设、实验观察和仔细测量所支配，然后像今天的鸟类学家（或气候学家）一样，在为人称许的期刊上发表经同行评议的论文。伦敦皇家学会的《哲学会刊》于1665年创刊，印行至今。受其影响，许多其他期刊继踵而起，包括《皇家学会论文集》（1854年创刊），该杂志在其"生物学之生（B-for-biology）"系列特刊中发表了大量野生动植物研究。1869年，英国顶级科学杂志《自然》首刊。

关于夏威夷鸟类疟疾问题，尽管后来有许多人参加了研究，但作出开创性描述的，还是加州大学伯克利分校脊椎动物生物学博物馆的理查德·沃纳（Richard Warner）。他于1968年在《神鹰》杂志（*The Condor*）发表了论文。沃纳的结论是，尽管携带 *P. relictum* 的迁徙鸟类很可能在几千年中一直降落在夏威夷，但由于缺乏合适的蚊媒，并未传播疾病。

据认为，情况在1826年发生了变化。根据威廉·理查兹（William Richards）牧师的说法，"惠灵顿"号船上的一个取水小队将一宗"满是扭来扭去的蠕虫的残渣"丢弃到清纯的溪流中，从而给夏威夷这个伊甸园带去了一份别样的祝福。实际上，乐园的失落早就开始了。詹姆斯·库克（James Cook）的第三次探险之旅以悲剧告终：那位"伟大的航海家"在基亚拉库夸湾（Kealakekua Bay）罹病身亡。1778年

"决心号"（HMS Resolution）和"发现号"（HMS Discovery）的到来，标志着包括欧洲人在内的外来生物群在夏威夷殖民统治的开始。威廉·理查德（William Richard）近50年后才描述的"扭来扭去的蠕虫"，很可能就是疟疾媒介库蚊（Culex quinquefasciatus）的幼虫形式。当然，他写文章的时间离罗纳德·罗斯的时代还为时太早，他的评论针对的只是惹人讨厌的嗡嗡声和相关的蚊虫叮咬，而不是禽类疟疾。这种联系还有待建立。

当然，理查兹本人是传教士，他带来的是另一种形式的变革性入侵。疟疾并不是从其他海岸带到夏威夷的唯一禽病问题。1903年，博物家罗伯特·珀金斯（Robert Perkins）撰文描述了低地鸟群中的"跛脚病"或禽痘。再一次，像疟原虫一样，禽痘病毒对特定的脊椎动物宿主非常有特异性。但是，禽痘病毒与疟原虫的不同之处在于，这种大病毒（约有200个基因）对环境恶化具有很强的抵抗力；而且，尽管它可以通过虻类和蚊子机械传播，但它不能在这些昆虫体内繁衍，而专以鸟对鸟的方式传播。因此，P. relictum 疟疾的传播范围有限，其分布由致倦库蚊（C. quinquefasciatus）的范围所决定。但禽痘不一样，只要被感染的鸟类和正常鸟类聚集在一起，禽痘病毒就可能传播。

夏威夷由8个大岛和10个小岛组成，这一事实意味着并非所有地区都同时受到禽痘或疟疾的影响。这为那些早期的科学家提供了一个绝佳的机会来观察这种疾病的传播，并评估这两种疾病对本地鸟类的影响。沃纳认为，虽然其他岛屿上的鸟类种群仍然相对完好无恙，但瓦胡岛上11种雀形目物种中的6种在1900年就灭绝了，不过不是因其美丽的羽毛而遭到猎杀，而它们的栖息地也没有受到干扰。他引用了布莱恩氏（WA Bryan）的话，后者在1915年不幸地观察到："瓦胡岛使人感到忧郁，因为它有最大的灭绝鸟类清单，占该岛物种总数的比重超过了世界上任何其他类似地区。"

沃纳还描述了自己于1958年进行的实验。得知鸟痘和致倦库蚊都未到达偏远背风的夏威夷莱桑岛（Laysan）时，他将24只见于莱桑岛的金丝雀装进包了几层细纱而多孔的粗棉布的笼子中，用美国海岸警备队的舰船安全运到了檀香山。到达之后，这些鸟生活在快乐的环境中，两个月来能吃能喝，被关在一个有屏障的房间里，住的依然是那个有防护棉布的笼子。然后，揭开盖子，打开窗户——两周后，他们看到了禽痘的首例特征性肿胀，随后，该疾病在实验组中势不可挡地蔓延开来。

人们认为，在第一个实验中没有出现禽类疟疾，反映了当时檀香山的库蚊数量极少这一事实。于是，沃纳于次年重复了这项研究。这一回，这些鸟被带到考艾岛的利胡埃（Lihue on Kauai）。受保护的对照组保持良好的健康状态，而那些放置在室外无遮蔽的笼子里的试验组均显示出大规模疟原虫寄生虫病的症状，并在16天内死亡。

有一回，喝咖啡时，我向一位朋友略述了这个禽类疟疾的故事，他立即反应道："可是，鸟身上覆盖着羽毛啊，蚊子是如何叮到它们的？"好吧，沃纳对此也作了介绍。致倦库蚊有个特点我忘说了：它是夜间出行的蚊子。睡觉时，相对抗病的日本白眼（Japanese white-eye，非夏威夷本地鸟类）将喙部和脸部别转朝后，埋进背羽的松散处，蓬松胸部羽毛，下蹲，使腹部触及栖木。这样可以最大程度地减少嘴角、前额以及腿脚的暴露。而那些易感鸟类睡觉时，所有这些部位都暴露在外，正好作了蚊子的饲养场。与许多传染病一样，当涉及脆弱性时，行为可能不是全部，但很重要。

据估计，目前夏威夷的140种鸟类中约有一半已灭绝，另外30种被列为濒危物种，其中12种数量极少，濒临灭绝。尽管疟疾和禽痘很可能是造成鸟类多样性巨大损失的重要原因，但其他因素也会起作用。狩猎，栖息地退化，猫、狗和啮齿动物的攻击以及与引进鸟类的竞争等，都是显见的危险因素。此外，这些不同的影响可能会协同作用。与"跛脚病"相关的活动能力降低，或者是由于发烧造成的嗜睡少神和疟疾导致的倦怠少食等，也会使病鸟更容易受到掠食者的伤害。

通过研究生活在整个夏威夷群岛不同海拔处的各种蜜旋木雀的特征，我们可以了解蚊媒鸟病造成的破坏程度。随着春天到夏天的持续升温，一些物种会往山下移动，因花朵首先在较低处绽放，提供蜜源，然后又渐次上升。诸如夏威夷绿雀之类的其他蜜旋木雀群体往往活动性较差，宁愿留在相对较小的海拔范围内。这可以保护生活在约1400米处的致倦库蚊线以上的夏威夷绿雀，山下的鸟类则全都容易为疟疾所累。一个令人鼓舞的迹象是，近年来，在低海拔地区满意生活的夏威夷绿雀头口似乎正在增加。许多鸟只疟疾寄生虫病水平较低。其他鸟类也有此特征。凡是在这种感染中幸存下来的鸟类，抵抗力通常都强一些。

从科学意义上讲更令人兴奋的是，遗传学家正在从不同海拔高度的夏威夷绿雀种群中采样，而在低海拔、中海拔和高海拔的样本中发现了巨大的分子差异。这符合经典的达尔文主义思想，即随着时间的推移，这些由蚊子传播的感染，导致对于更"适存"物种的选择性保留，这些物种现在可以"耐受"或控制这些疾病的进程。如此，则自从禽类疟疾和痘病毒首次入侵夏威夷以来，才一个世纪多点儿的自然选择，已然导致了抗性变种的出现，这为未来带来希望。

非常现实的担忧之处是，随着环境温度升高 2 ℃或更高，夏威夷的高海拔无蚊地区将基本消失。气候学家们确信，21 世纪末，气候变化将不可避免地发生。显然，对于那些已经应对传染病挑战而进化了的物种而言，发展将不那么具有灾难性。在过去的不同地质时期，这样的过程一定是反复发生过的。但这一次的不同之处是，在我们化石燃料消费瘾的驱动下，温室效应正在推动环境变化提速前进。正如任何古生态学家会告诉你的那样，曾经存在的大多数物种都不再存在。我们目前正生活在地球历史上的第六次大灭绝中。也许，我们会考虑选择性地繁殖某些野生生物以抵抗虫媒病原体，这些虫媒疾病可能因人为气候变化而变得更加棘手。

第12章
1929 — 1930年的鹦鹉大恐慌

　　与传染病造成的巨大损失相比，历史更多地记载了战乱。这反映了一种深度的人类状况。在1861 — 1965年的美国内战中，感染占死亡人数的60％以上，而在1918 — 1919年期间，死于流感的人数就比在我们称之为"伟大"的1914 — 1918年战争（第一次世界大战，英文"大"字有"伟大"之义。——译者）那场白痴悲剧中死于炸弹和子弹的人数还要多。关于第一次世界大战的文献汗牛充栋，但据我所知，在两次战争之间（1919 — 1939年）这些年，完全着笔于1918 — 1919年流感大灾难的主要著作，只有一部，那就是凯瑟琳·安妮·波特（Katherine Anne Porter）的中篇小说《苍白的马，苍白的骑士》（*Pale Horse, Pale Rider*，1939年版）。在1990年代的禽流感恐慌之前，为普通读者描述瘟疫的唯一非小说类书籍，则是阿尔弗雷德·科斯比（Alfred W Cosby）的《美国被遗忘的大疫：1918年的流感》（*America's Forgotten Pandemic: The Influenza of 1918*），在许多方面，此书迄今仍是有关该主题的最佳书籍。在整个人类历史上，尤其是从我们开始将自己和驯养的兽类和鸟类团聚在农耕社区以来，感染造成的死亡就多于人类的冲突。但是，我们似乎更喜欢跟一个存在着令人信服的、可识别的人类坏蛋的现实打交道，而不怎么擅长于思考一个我们受盲目的微生物和自然支配的宇宙。丹尼斯·勒汉（Dennis Lehane）的最新小说《给定的日子》（*The Given Day*）将两个主题合而观之。该小说将 1918 年的流感大疫，棒球，贝斯·露丝（Bath Ruth），种族主义，政治以及当时波士顿警察罢工期间的善恶对抗等等交织在一起。

同样，当我们听到有人提到 1929—1930 年的恐慌时，我们的想法立即转到股市崩盘造成了许多人的痛苦和一些人的自杀。但是，这些年也以其他事件为标志，那就是与完全不同的恐慌相关的死亡。2009 年 6 月 1 日《纽约客》上的一篇文章对这些事件作了总结。吉尔·勒波雷（Jill Lepore）的文章《疫病的传播：爆发，媒体恐惧与 1930 年的鹦鹉大恐慌》（*It's Spreading：Outbreaks，Media Scares and the Parrot Panic of 1930*）所讲述的故事，在很多方面都让人联想起 2002 年那场严重急性呼吸综合征（SARS），尽管严重急性呼吸综合征中发生的事件更严重些。

"鹦鹉恐慌"的故事于我是陌生的，尽管它显然写在保罗·德克鲁夫（Paul de Kruif）的《人对死亡》（*Men Against Death*，1932 年）一书中，这是他更为著名的《微生物猎人》（*Microbe Hunters*）的续集。到 20 世纪 20 年代后期，德克鲁夫和辛克莱·刘易斯（Sinclair Lewis）等通俗作家为提高公众对传染病危险性的认识做出了重大贡献。人们对于"细菌"的担忧，已经成了一种会让霍华德·休斯（Howard Hughes）彻底疯掉的强迫症；应对这种情形以及对于污染的担忧，已成为广告代理商和 Lysol（碳酸）等产品制造商的生产重点。

在那篇《纽约客》文章中，勒波雷描述的是美国马里兰州的巴尔的摩一个名门中的三例严重鹦鹉感染，及他们最近购买的宠物鹦鹉的死亡如何升级为有媒体推波助澜的恐慌。她那优雅而翔实的分析我就不再重复了；她认为，《华盛顿邮报》《芝加哥每日论坛报》《纽约时报》和《旧金山纪事》中的文章，无疑是为公众的担忧火上浇油。其他同代报刊如《纽约客》和《生活》杂志上的报道显然更为审慎冷静。当事情全部结束时，人类的临床病例才不到140例，死亡人数则更少，尽管大量的这种或那种鹦鹉（psittacines）付出了最终的代价。

整理1929—1930年鹦鹉热爆发的工作，交给了设在美国华盛顿特区的美国公共卫生局卫生实验室的医生查尔斯·阿姆斯特朗（Charles Armstrong）及其技术助手肖蒂·安德森[Henry（Shorty）Anderson]。阿姆斯特朗亲自感染并康复了，但是，肖蒂·安德森医生、丹尼尔·哈特菲尔德医生（Dr. Daniel S. Hatfield，巴尔的摩市卫生局局长）和他的同事威廉·斯托克斯医生（Dr. William Stokes）都死了。显然，这些人不仅仅是政府官僚，还是"动手"的公共卫生官员。与SARS一样，这种疾病在老年人中更加危险，所有死者都超过30岁——鹦鹉热（psittacosis）带点性别歧视的名字是"老妇肺炎"。正如阿姆斯特朗所说，女性的发病率更高。女性在家里待的时间更多，并且，在典型的20世纪30年代美国家庭中，照顾宠物鸟的多是女性。

阿姆斯特朗在1933年的《美国护理杂志》（American Journal of Nursing）上发表了自己的简短报道。他指出，对鹦鹉热的首次描述，包括与鸟类感染有关的描述，是由瑞士的一位李特尔（Ritter）医生撰写的。该疾病在1892年巴黎爆发的报道中被称为鹦鹉热。1896年，埃德蒙·诺卡（Edmond Nocard）（我们在第10章中遇到过）认为他已经分离出致病细菌，但他弄错了。问题是当时可用的技术不足。20

年后的流感大疫中，人们犯了同样的错误。

鹦鹉热是由衣原体（*Chlamydia psittaci*）引起的，该生物尽管是细菌，但与病毒一样，有着专性细胞内寄生的特征。它说小也小，孔径稍粗的过滤器能够阻挡在无细胞培养基中生长的细菌，它却能通过；说大也大，孔径更细的过滤器，脊髓灰质炎病毒、流感病毒或黄热病病毒等可以通过，却能把它挡在门外。还有一点像病毒的是，衣原体的许多初步研究，都取决于它们在鸡胚蛋膜上生长这一事实。

阿姆斯特朗和安德森显示，鹦鹉热通常是一种轻度的、临床症状不明显的鹦鹉感染，它们可以长期地、无碍健康地携带病原。与SARS的情况不同，他们没有看到这种疾病人传人的事例。如今，鹦鹉热很容易用四环素和强力霉素（doxycycline）治疗，因此，发高烧的人，如果曾经花很多时间侍弄鹦鹉，必须将这一情况告诉医生。

尽管在1929—1930年间至少有33名美国人死于鹦鹉热，但人们认为，更成问题的，还是呼吸道感染（包括流感），后者造成的死亡占该年美国全部死亡人数的10%以上。因此，"鹦鹉病"在整个传染病家族里终是个小角色。难怪作家怀特（E.B. White）在一则评论中，语带讽刺地将"鹦鹉热"称为"近来全民性恐惧病（hypochondria，疑病）的最有趣的例子"。尽管如此，正如加利福尼亚著名的瑞士裔微生物学家卡尔·迈耶（Karl Meyer）几年后所观察到的那样，大事报道的1929—1930年事件有助于改善对笼养鹦鹉总体健康状况的监测，也为全世界的公共卫生当局敲了警钟。

除此之外，1929—1930年的"鹦鹉恐慌"还产生了非常重大的影响。1930年5月26日，美国国会将华盛顿卫生实验室升格，将其更名为美国国立卫生研究院（NIH），如今在全球范围内为公共部门生物医学研究提供的资金超过任何其他组织。尽管与目前的军费水平相比还是小意思，但2009年美国国立卫生研究院的预算也超过了290亿美元。诸如香港大学的流感病毒监视计划（在第8章中讨论过）之类的行动，已从NIH获得了大量资金。因此，在人类健康方面，那些在1929—1930年献出生命的"前线哨兵"最终推动了向科学医学的发展，给人类带来了巨大的益处，并且还帮助控制了禽类疾病。

第13章
癌症传染

　　病毒，鸡和癌症研究——初看之下，简直乱七八糟，风马牛不相及。但这里有一个有趣的故事，说明了好奇心驱动的实验科学如何增进人类福祉。很多人或许知道，女性乳头瘤病毒感染与宫颈癌之间有联系，那一发现最终导致了保护性疫苗的开发，并使哈拉尔德·祖尔·豪森（Harald zur Hausen）在2008年获得了诺贝尔奖。我们还可能意识到，在过去的几十年中，许多癌症治疗方法的有效性有了很大的进步，但大多数人类肿瘤的总发病率仍然有所上升；这是因为，由于心血管疾病治疗方法和关于其他疾病的各种研究进展，我们的寿命更长了。然而，我们可能有所不知的是，某些形式的禽癌已被传染了一个世纪甚至更长时间。哪位要说了：禽癌不禽癌关我何事？好吧，我来告诉你。事实证明，在过去的几十年中，对这些由病毒引起的鸟类肿瘤的研究，极大地增进了我们对致癌机理（癌症发展过程）的基本理解，并为改进基于实证的癌症疗法指明了方向。

　　尽管我曾在不同的研究领域作过科学考察，各个方面都有些经历，但直到我开始与像圣祖德（St Jude）同事查尔斯·谢尔［Charles（Chuck）Sherr］这样的肿瘤分子生物学家谈论这些禽类肿瘤模型时，我才意识到，禽流感病毒在阐明致癌机理方面发挥了多么重要的作用，这个机理，正是"细胞逃脱正常生长控制机制的遗传事件"。

但是，想都不要想，吃鸡或与宠物鸡，相思鹦鹉，鹦鹉，鸵鸟或其他长羽毛的朋友相伴就会得上癌症。用病禽尸体喂食时，动物园的豹子可能会患上流感，但这种联系在禽类肿瘤病毒与人类癌症之间是没有依据的。就猫，狗，猪，鹦鹉，牛，青蛙以及几乎任何你能想到的物种而言，某些肿瘤的传染性也是一样，不同物种间是不相传的。话说回来，尽管这些癌症病毒往往具有非常强的物种特异性，但是，导致致癌转化的细胞内分子事件的类型有许多共同特征。

整个19世纪，路易斯·巴斯德，罗伯特·科赫，罗纳德·罗斯等一众科学家共同研究了细菌在感染中的作用，彻底消除了疟疾和霍乱等疾病源于"animacules（无种自生）"的自然发生说、及暴露于沼泽和湿地产生的"瘴气"之说。正如我们在第10章中看到的那样，在这一进展中，鸟类实验起了重要作用。但是，癌症被认为是非传染性的，属于完全不同的疾病类别。对于大多数（但不是全部）人类肿瘤而言，今天依然如此。

肿瘤学家通常对传染病兴趣不大，只是在有些临床问题上，才多少给予注意，那就是，用来杀死快速分裂的肿瘤细胞的细胞毒性药物和放射疗法也会一时破坏患者的免疫系统，而正常情况下，免疫系统会把潜在的入侵者（病毒，细菌，真菌）挡在国门之外。

癌症往往是一种老年病，由于细胞中累积的突变"错误"，潜在的分子变化通常会逐渐出现。在宠物猫，狗和鹦鹉中也可见到老年性实体瘤，而鸡类是短命的。不同之处在于，肿瘤病毒绕过了对自发突变的需要：这种感染可在任何年龄的动物中直接迅速致癌。而且，我们会在任何感染都非常容易传播的条件下大批量饲养家禽。因此，对于商业化鸡肉生产来说，肿瘤病毒可能是个大问题。

＊　＊　＊

　　早在1908年，两名丹麦兽医威廉・埃勒曼（Vilhelm Ellerman）和奥卢福・班（Oluf Bang）就报告说，他们可以通过鸡的多次传代接种来转移一种禽白血病。报告当时并没有引起太大的轰动，因为直到20世纪30年代，白血球组织增生，或白血病（白细胞不受限制的增长）才被认为是一种癌症。洛克菲勒研究所的美国人佩顿・劳斯（Peyton Rous）意识到埃勒曼和班的发现后，于1911年表示，他可以通过向健康的禽类注入经过研磨的癌细胞的提取物来传播鸡的实体瘤（肉瘤）。劳斯使用在任何高中化学实验室中都能找到的普通滤纸来排除他实际上正在进行活肿瘤细胞移植的可能性。

　　该发现被当时的肿瘤学家嗤之以鼻，认为那不过是离奇的鸟类现象，与人类疾病没有真正的关联，甚至劳斯本人也并不确信他发现了重要的东西。然后，第一次世界大战来了，劳斯在接下来的15年或更长时间里将他的大部分研究工作集中在血液和肝脏的生理研究上。（他的贡献，包括帮助在比利时前线附近建立了第一个血库。）战争结束后，当然百废待兴，有许多其他科学问题需要探究，他也就没有接着做鸟类和肿瘤的工作，从而扩大原有的战果。

1931年，他的年轻同事迪克·肖普（Dick Shope，洛克菲勒学院的科学家，我们在第7章遇到过）确认，兔子的皮肤癌可以通过可过滤的提取物传播，于是，情况发生了戏剧性变化。劳斯立即兴奋起来。这个发现看来不错：兔子研究是使用更先进的烛式硅藻土过滤机（Berkefeld filter candles，硅藻土滤烛）完成的，这项很快被称为肖普氏纤维瘤病毒的发现表明，感染诱发的癌症也见于哺乳动物，而不仅仅是一些离奇的鸟类情况。然后，在1933年，肖普进一步确定，兔乳头状瘤（疣）是由另一种完全不同的病毒引起的。

肖普氏乳头瘤病毒是类似病原体的典型，这些病原体在包括牛和人在内的各种脊椎动物中引起疣和肿瘤。鹦鹉尤其会在喉咙和泄殖腔区域形成阻塞性、传染性肿块，但乳头瘤病毒通常不是禽类的大问题。由于乳头瘤病毒仅在角质化上皮细胞（keratinising epithelia，有效的濒死皮肤细胞）中复制，研究者花了数年时间才学会如何在组织培养物中使它们生长，因此，直到最近人们才认识到它们对于理解癌症基本生物学有重要意义。

回到洛克菲勒学院，在第二次世界大战前的年月里，迪克·肖普忙于研究更常规的感染（例如流感），生性慷慨的他愉快地将分析引起癌症的病毒的研究交给了他的朋友佩顿·劳斯（Peyton Rous）。正如劳斯在1966年诺贝尔奖演讲中所指出的那样，直到自己最终关闭实验室后，肖普才回到兔肿瘤研究上来，多少做了些有意义的工作。劳斯在87岁那年获得诺贝尔奖，是有史以来最老的诺贝尔奖获得者，他等了55年，他的鸡肉瘤研究终被诺贝尔奖委员会认可。获奖之前，劳斯像通常一样，没有心灰意冷，在自己的职业生涯中继续为可传播肿瘤的研究做出重要贡献，但他没有取得其他重大突破。依赖病毒使用的下一个重大癌症发现将在稍后出现，那还是劳斯很久以前从鸡身上分离出来的肉瘤病毒（RSV）提供了关键。

随着时间的流逝和大量的努力，研究已经确定，具有某些RSV一般特征的病毒，可能会在多种哺乳动物物种引起肿瘤。约瑟夫·比特纳（Joseph Bittner）在缅因州巴港的杰克逊实验室（Jackson Laboratories）—— 诨称"大老鼠"实验室 —— 作研究，他于1938年发现，老鼠的乳腺肿瘤可以通过哺乳传播给后代。然后，从1953年路德维希·格罗斯（Ludwig Gross）的工作开始，发现了整个小鼠白血病病毒谱，这证实了埃勒曼和班最初的观察结果。一系列病毒，都以发现者的名字命名，诸如格罗斯氏病毒，莫洛尼氏（Moloney）病毒，阿贝尔森氏（Abelson）病毒，弗伦德氏（Friend）病毒和劳舍尔氏（Rauscher）病毒（如劳氏肉瘤病毒）等等。这些病毒引起了许多研究者的注意，尽管没人知道它们是如何引发疾病的。

时到20世纪60年代，有了这么多仍在积累的证据，人们开始认为，病毒或许真是导致人类癌症的常见原因。这个想法在1971年非常流行，当时美国总统尼克松曾经宣布，美国国家癌症研究所的"抗癌战争"是他最重要的遗产之一。"特殊病毒癌症计划"［由乔治·托达罗（George Todaro）和罗伯特·许布纳（Robert Huebner）牵头］在美国国家癌症研究所的最初战略中扮演着重要角色，年轻的查克·谢尔（Chuck Sherr）在该领域做了他的第一项实质性实验。

当然，从1911年佩顿·劳斯首次证明他谦卑的鸡肿瘤可以用无细胞提取物传播，到1971年理查德·尼克松签署抗癌战争，这60年间发生了很多事。生物学上最重要的进展是1953年吉姆·沃森（Jim Watson）和弗朗西斯·克里克（Francis Crick）发现遗传的分子性质，当时他们在剑桥大学卡文迪许实验室工作。有一回，吉姆在伦敦国王学院（Kings College）的莫里斯·威尔金斯研究所参观，发现了罗莎琳德·富兰克林（Rosalind Franklin）。罗莎琳德当时不认识吉姆）制作的X射线晶体学图片（参见第9章），脑洞顿开，于是，沃森和克里克建立了标志性的物理模型。模型显示，二进制脱氧核糖核酸配对——腺嘌呤–胸腺嘧啶（AT）和鸟嘌呤–胞嘧啶（GC）——可以组装成一个双螺旋。这为遗传提供了直接的解释。简而言之，在我们基因的DNA三联体密码中，指定了从一代传给另一代的信息。这些基因组装在较大的配对结构上，该结构称为染色体，经适当的染色后可以在光学显微镜下被看到，并且在物种之间的数量有所不同：人类有46个，黑猩猩48个，袋鼠12个，刺猬88个，家鸡78个，火鸡82个等等。两条DNA螺旋链的分离决定了我们和鸟类的遗传方式——都是从母亲那里继承得每个染色体的大约一半，从父亲那里继承得另一半，称作单倍型。我说"大约"是因为，与精子不同，卵子还含有线粒体DNA，该DNA总是在母系中代相传承。当然，母鸡和公鸡也是如此。线粒体DNA是追踪人类和鸟类遗传路径的强大工具。

沃森和克里克荣获1961年诺贝尔奖时，可怜的罗莎琳德·富兰克林死于卵巢癌，两人与她的一个关系不算很近的伦敦国王学院同事莫里斯·威尔金斯（Maurice Wilkins）在斯德哥尔摩一起登上领奖台。事件发展非常迅速，并且很快出现了一个中心教条，即从染色体的遗传物质（DNA）中复制（转录）信息，产生出由核糖核酸（RNA）携带的"消息"。"信使"RNA 核酸三联体的序列又充当了氨基酸线性组装（翻译）的模板，氨基酸是生物学的关键结构单元即蛋白质的组成部分。这些年来还有了一个发现：证据表明，小鼠和禽类肿瘤病毒（如流感病毒和黄热病病毒），其所携带的主要遗传物质为 RNA 而非 DNA。于是，它们被归类为核糖病毒。

在这一点上，遗传学家曾得出一个我们现在认为过于简单的结论：当涉及最终导致癌症的异常细胞分化和生长控制模式时，核 DNA（而非 RNA）的错误在支配着一切。若果真如此，则很难理解 RNA 病毒如何诱导肿瘤。对于像肖普氏纤维瘤和肖普氏乳头状瘤这样的 DNA 病毒来说，这不是什么大问题。但是，正如在科学研究中有时的确遇到的那样，事实证明，对付概念上更困难的 RNA 肿瘤病毒问题，以完全出乎意料的方式打开了一个全新的研究领域。

正是在这等处所，佩顿·劳斯的家鸡病毒派上了用场。原因很简单。RSV 的关键点在于，它可以在活的鸡胚和培养的鸡胚"成纤维细胞"中生长至很高的滴度，为科学家提供很多"东西"以便研究。成纤维细胞技术可产生规整、连续的单层，或曰单层胚胎细胞。当"单层"哪怕暴露于单个"裂解"病毒（如黄热病或流行性感冒）颗粒、并立即被半软琼脂覆盖物覆盖时，研究者就可以通过直接的细胞间接触来观察病毒的复制。随着病毒的复制，被感染的胚胎细胞死亡，在单层中形成孔洞（或"斑块"）。

在洛杉矶的加州理工学院，这些研究正在由意大利籍科学家雷纳托·杜尔贝科（Renato Dulbecco）领导的病毒实验室中进行。杜尔贝科的亲密同事，兽医哈里·鲁宾（Harry Rubin）为RSV模型组引进了一位年轻的研究生霍华德·泰敏（Howard Temin）。泰敏和鲁宾共同努力，想出妙招，以相对稀疏且不形成单层的浓度将鸡胚细胞摊成薄层。

这使他们看到，该病毒导致某些胚胎细胞增殖、团起，实际上形成了与RSV相关的小小肿瘤。RSV并未在单层上形成穿孔，而是产生了"团块"。那是真正的突破：他们成功地将这种由病毒引起的癌症从活鸡那样的巨大复杂体转移到简单直观的细胞培养系统中。

泰敏更进一步，做了一项关键实验，将DNA抑制剂放线菌素D添加到他的RSV诱导的"癌"组织培养物中，结果令人惊讶。尽管放线菌素D并没阻断RNA复制，但它完全抑制了RSV组织培养物中的肿瘤发生。此后不久，泰敏在一次科学会议上提出，感染性RSV某种程度上可能作着DNA"前病毒"合成的模板，然后被宿主细胞获得，作为其基因组成的一个必需部分。在这次会议上以及接下来的6年中，他的"前病毒DNA假说"被认为太离谱而基本不屑一顾。但是，有一个人不认为泰敏是疯狂的，他就是年轻的大卫·巴尔的摩（David Baltimore），当时他正在加州拉荷亚的索尔克研究所（Salk Institute）处理一种鼠类白血病病毒。

1970年，霍华德·泰敏和他的日本博士后研究员水谷聪（Satoshi Mizutani）在与大卫·巴尔的摩同时发表的论文中指出，这些RNA肿瘤病毒携带一种蛋白质（逆转录酶），该蛋白质的功能是使病毒RNA的成分被复制回宿主DNA。这开始了我们对致癌性RNA病毒（现在称为"逆转录病毒"）一个特性的理解：它如何满足了 DNA 型肿瘤的规则。泰敏和巴尔的摩没用等到佩顿·劳斯那么大年纪就获得了诺贝尔奖，两人在 1975 年与雷纳托·杜尔贝科分享了诺贝尔奖。后来，在 20 世纪 80 年代，当另一种（非常致命的）RNA 病毒袭来时，有关 HIV 感染的生物学机理大部分由此得到解释：它也带有逆转录酶。除此之外，世界上几乎每个生物医学研究和诊断实验室都使用逆转录酶将信使 mRNA 转换为互补 cDNA，后来，卡雷·穆里斯（Kary Mullis）发明 PCR 反应，该技术的威力得到增强（参见第 7 章）。

但是，尽管泰敏和巴尔的摩发现了逆转录酶，他们还没有弄清泰敏提出的前病毒 DNA 是如何引起肉瘤快速发展的。这项任务落在了由迈克·毕肖普（Mike Bishop），哈罗德·瓦莫斯（Harold Varmus）和他们在加利福尼亚大学旧金山分校的团队的肩上。

当毕肖普和瓦莫斯提出这个问题时，其他人早就拼凑出另一个故事，说 RSV 中的一个基因（称为 v-src）以某种方式引起向癌性生长的转化，可能是通过指导新型"癌蛋白"的合成。借鉴了史蒂夫·马丁（Steve Martin），彼得·杜斯伯格（Peter Duesberg），彼得·沃格特（Peter Vogt），花草英男（Hideo Hanafusa）及其同事们的先期工作，并利用一位名叫多米尼克·斯第荷林（Dominique Stehelin）的年轻的法国博士后研究员进行的一项重要实验，毕肖普和瓦莫斯能够识别全等于 v-src 的正常细胞，即后来所称的 c-src。这个正常的 c-src 基因存在于血缘关系非常遥远的鸟类如鸵鸟和鸸鹋等平胸类鸟中。在与伯克利同事艾伦·威尔逊（Allan Wilson）讨论后，他们推断，在将家禽与澳大利亚鸸鹋分开的大约 1 亿年的进化过程中，c-src 一直得到保存。在过去的某个时候，RSV从正常鸟细胞中提取了c-src基因，使它变成了v-src。

在沃格特（Vogt）和斯第荷林（Stehelin）的帮助下，毕肖普和瓦莫斯先是发现了第一个"致癌基因"，即能够促进生长的基因，当这些基因发生突变或以异常高水平不适当表达时，就把正常细胞转变为癌细胞。随后的发现定义了许多其他的逆转录病毒致癌基因，也因它们所诱发的肿瘤类型（偶尔也有奇葩些的）而被命名为：v-ras，v-mos和v-fes（分别产生大鼠，小鼠和猫肉瘤），v-myc（myelocytomatosis，骨髓细胞组织增生），v-myb（成纤维细胞病，myeloblastosis），v-erb（erythroblastosis，骨髓成红血细胞增多症）等。[至于"omatosis（瘤病）"和"blastosis（囊胚瘤）"，请阅读有关血癌的专著。]在每种情况下，前病毒整合都使病毒获得了正常的细胞基因，进而获得能力，将任何受到新生病毒颗粒感染的宿主细胞快速转化为癌细胞。正如迈克·毕肖普稍后说的那样，"癌症的种子就在我们体内。"

事实证明，src基因和它的一些后来——得到界定的亲族们编码着一整个称为酪氨酸激活酶（TKs）的生长促进酶家族，而突变的v-src版本比其正常的c-src版本更有效力。认识到TK异常表达会促进癌症，使TK抑制剂伊马替尼（商品名称格列卫）的开发成为可能，这是一种有效的化疗药，可治疗慢性骨髓性白血病（Chronic Myelogenous Leukemia），胃肠道间质瘤和某些其他形式的人类癌症。将来，我们希望有更多类似伊马替尼的疗法。与第9章中讨论的乐感清（Relenza）抗病毒药一样，伊马替尼也是因为预先知道某种通常见于大自然的蛋白质的化学结构和功能而开发的首批"设计药"之一。

　　尽管RSV大大有助于我们了解为什么某些细胞逃脱了正常生长控制并引起肿瘤，但事实证明，相关的逆转录病毒并不是人类癌症的主要原因。即便如此，对佩顿·劳斯那个小小的鸡肿瘤病毒的研究仍使我们取得了许多重要突破：认识到某些形式的癌症具有传染性；再就是逆转录酶的发现。那一发现，先是显示了RNA编码的遗传信息如何复制回基因组DNA中，然后又为卡雷·穆里斯发展出的至关重要的PCR技术开辟了道路；确认了在肿瘤形成中起关键作用的细胞性致癌基因；最后，可能会开发出一整套全新的癌症药物。对于1911年被人认为似乎没有太大实用价值的一个发现来说，这个结果也并不很糟了。

第14章
蓝色血统和渺渺鸡虫

　　传统上，任何关于良种培育和遗传的想法都是血统观念的代名词。那个想法比重新发现格雷戈尔·孟德尔的香豌豆育种实验（于1866年发表时默默无闻，无人理会），导致遗传科学于1901年建立早得多，比沃森和克里克解释DNA的性质和功能更早得多得多。就是知道了这些，许多人仍然将血统和遗传等同起来，尤其是在纯种马，犬种和贵族身上。你有时会听到这类的说法："还得看血统啊"或"血性自见呀"；当然，这些都与出血或谋杀无关。

　　长期以来，世袭君主制的原则一直取决于一个假定："王室血统"就是优良，于是，随之而来的特权也就顺理成章了。但是，在人类，蓝血（贵族血统）并不能保证人具有遗传优势，至少在疾病方面，情况的确如此。（认为王室成员和欧洲贵族成员是"蓝血"的想法可能源于这样的事实：由于不必在田野里劳作，他们的蓝色静脉就可以透过白皙的皮肤显而易见。）乔治三世（1738 — 1820）的间歇性疯狂被认为是杂色卟啉症（Variegate Porphyria）造成的结果，而这种情况很可能是通过他的祖先英格兰的詹姆斯一世、也被称为苏格兰的詹姆斯六世（1566 — 1625）传给他的。可以肯定的是，维多利亚女王传递了涉及X染色体的血友病基因。尽管这种疾病的基因位于女性X染色体上，但仅在不幸获得异常X染色体的男性（兼有XY染色体）中才表现出来，女性（只有XX染色体）则受到正常X染色体"静默化"的保护。

在鸟类中，性染色体组合恰好是相反的，雌性为异配（ZW），而雄性为ZZ。这意味着，任何与Z相关的遗传异常都出现在母鸡而不是公鸡身上。当然，无论是自然繁殖还是人类繁殖的，患血友病的禽类都不会活得很长，因此，导致这种严重健康缺陷的Z连锁突变的持续存在只会表现为几只雌鸟的早期死亡。即使这样，性染色体造成的遗传效应可能也不是一件坏事。小鹦鹉中涉Z黄化特征是由灰色色素（黑色素）基因的失活突变决定的，但这并没有表现为白化病，因为与我们不同，鸟类还拥有黄色色素基因（psittacins）。突变的黑色素基因是隐性的，这意味着，在只具有一个拷贝的雄鸟中，它将为正常的Z染色体所"静默"。因此，黄化雄性繁殖的任何雌鸟都会是黄色的，而Z染色体黄化母鸡跟两个Z染色体都正常的公鸡所生的小母鸡就不一定是黄色的了，所生的小公鸡则一定不会黄化，因公鸡必须两个Z都异常才能黄化。

因此，遗传带来的后果也许好、也许坏，然而，"蓝血"和优势"血统"真的可以用血液中可以检测到的任何东西来表征吗？谈论这个话题的时候，一说到测量和差异，人们就会立即想到血型。卡尔·兰德斯坦纳（Karl Landsteiner）在维也纳工作时，于1900年发现血清中的凝集素（抗体）可用于定义现在人人皆知的人类血型，也就是红血球（或曰红细胞，RBC）ABO血型系统。到1907年，已经证明ABO匹配可以预期输血的成功 —— 这一发现对于佩顿·劳斯建立血库以拯救第一次世界大战中受伤的士兵至关重要。

总的来说，人类ABO血型系统与疾病易感性之间呈弱相关性。但是，当涉及使用在红血球上表达的分子作为对感染具有优越抵抗力的遗传标记时，我们发现，真正的"蓝血"出在鸡家。此外，理解其何以如此为了解人类疾病的易感性和恢复方式的遗传学提供了重要的洞见。

到20世纪30年代，研究人员开始整理鸟类的血型。当然，那不是对鸟类的输血有兴趣或者给鸟类输血有什么实际的好处，但是，遵循"攀登珠穆朗玛峰"原则 —— 因为它在那、并且有可能 —— 科学家们总是会问这样的问题的。而且，鸡血毕竟容易获得，血型也不难测定。寻找血型与某些高度理想的特征之间的相关性也将为家禽育种家提供一个很好的工具，实际上也的确是派上了用场。但是在开始讲这个故事之前，有几个定义，可能会对那些没有经过生物学训练的人有所帮助。

* * *

如第13章所简述，从一代传到下一代的信息，是在我们基因的DNA三联体密码中明细规定的，这些基因都组装在染色体上。我们从母亲那里继承每个染色体的一半或单倍型，从父亲那里继承另一半。基因位于染色体上的特定位点称为基因座，而在不同个体中可能发现的该基因的不同版本，称为等位基因。我们从父母双方那里获得的等位基因通常是相同的，这反映了它们编码的结构（例如蛋白质）不容易变化，因而在整个物种的代相传递中、乃至在整个进化过程中都是保守的。另一方面，某些位点的基因（等位基因）则是高度可变或多态的。

这种多态性是免疫系统抗体（免疫球蛋白，Ig）和 T 细胞受体（TCR）基因的特征，后者编码数百万种不同的细胞结合 TCR 并分泌 Ig 分子。假如把可以被无数种病毒和其他有害虫（如果您愿意，可以称这些害虫为微生物世界的"背景音乐"）入侵的器官系统比作"听众"，那么，要想满足听众的无数需求，免疫学"乐团"就必须找到一些"音符"——T 细胞（TCR）和 B 细胞（Ig）——来写成多到令人难以置信的"总谱曲目"。无论是在鸟类还是在哺乳动物，TCR 多样性都是通过在胸腺发育过程中起作用的分子机制建立的。胸腺处于颈部区域，随着年龄增长而萎缩。免疫球蛋白，如在血液的血清部分循环的病毒特异性中和抗体和血型凝集素，是由长寿的专业浆细胞"工厂"分泌的，这些工厂可以永久地徘徊在人体的各个解剖部位。使用在某种意义上可比之于在胸腺中起作用的策略，浆细胞（B 淋巴细胞或 B 细胞）的先驱者首先在哺乳动物的骨髓中、或在特定的禽类器官（the bursa of Fabricius，法氏囊，位于泄殖腔附近）中发展出来。

经过逾 1.5 亿年甚至更长的进化趋异，鸟类和哺乳动物的"适应性"免疫系统的组织方式已小有不同；然而，最终达到的功能结果是完全相同的：两套系统在抵抗不同病原体入侵的有害后果方面发挥了同样的作用。可以看出，大约 4 亿年前，免疫系统的进步演化已经到位：从有骨鱼类到其他大类，所有脊椎动物都拥有了特异性免疫 T 细胞和 B 细胞（浆细胞）记忆的特征，从而确保了对再感染的抵抗力，这使得接种疫苗成为可能。

与人类一样，鸟类中也已定义了几组不同的血型系统。人类当中，最突出的血型是由位于9号染色体上的ABO位点编码的等位基因定义的，但对于鸡来说，定义的标志是16号染色体上的B位点。（用"B"来表示该基因位，跟我们在本章早些时候说到的"B细胞"没有丁点儿关系，只是因为发现它们的科学家总得有个名字去称呼它们。）

实际上，除了染色体位置不同（编号云云是相当随意的）之外，ABO和B型血抗原（结合抗体的结构）也有质的不同。定义ABO系统的等位基因变化是在寡糖（或曰低聚糖，一种糖类）中表达的，寡糖附着在红细胞外层质膜的蛋白质上。跟人不同，在鸡的红细胞上表达的B基因座抗原，则是细胞表面糖蛋白（glycoproteins）。所谓的"糖"，是指附着在蛋白质上的少量碳水化合物（一种糖，如唾液酸）。这些差异无关宏旨，本质上的区别还在于蛋白质本身。

早期的鸡遗传学家大都愿意与商业育种家密切合作，因此，迅速积累的证据表明，不同的B座等位基因可用来预测对多种感染的较强抵抗力。这类研究不仅是引人入胜的智力活动，也是重要的实践突破。与B座等位基因相关的易感性传染源包括细菌（沙门氏菌和葡萄球菌属），圆虫，禽传染性贫血病毒，传染性法氏囊病病毒，劳斯肉瘤病毒和马立克氏病病毒，后者引起另一种可传播的癌症，那是家禽业的严重问题。此外，在不同的疫苗接种后，特定的B型鸡与较高的免疫力有些关联。对于人类ABO系统而言，在预测宿主反应表达谱方面，还没有发现什么实质性的内容。

事实证明，鸡B基因座和ABO血型系统还真有个共同点，那就是，研究人员都是首先在 RBC 的表面发现了它们。否则，我们大概不会想到它们之间有啥联系。鸡 B 基因座蛋白实际上并不是特定的血型，而是相同的移植免疫耐受体或主要组织相容性复合体（MHC），它们可以在体内几乎每个细胞上表达。

很大程度上是由于我们早在 20 世纪 70 年代中期的发现，人们一直在寻找特定的 MHC 基因与疾病易感性之间的强相关性。罗尔夫·辛克纳吉（Rolf Zinkernagel）和我在分析病毒免疫的问题时偶然发现，免疫 T 淋巴细胞有识别被病毒修改过的 MHC 糖蛋白的本事。如果您想知道这在分子意义上是怎么个机理，请参看我们的诺贝尔奖讲座（可在 Nobel 电子博物馆网站上获得）和我的前著《诺奖初阶》（ *The Beginner's Guide to Winning the Nobel Prize* ），两著中都讲了这个故事。这种传染性疾病-MHC 关联在家鸡中较容易看出来，因它们只有一个相关的基因座——B 基因座。人和小鼠则分别具有三个不同的 MHC 基因座：人是 HLA-A，B，C，小鼠是 H2K，L，D。由于每个位点通常只有两个不同的等位基因，很容易看出为什么只有两种可能性（在鸡）而不是 4 种（在人类）可供选择时，疾病-MHC 关联才更加显而易见。

因此，家鸡 B 基因座的故事向我们表明，在鸟类免疫力方面，还真有遗传"蓝血"这回事。使用常规育种或复杂的分子生物学方法（转基因技术）有可能引入抗性基因，并将其分发到某一整个濒危物种中。例如，据报道，2011 年 1 月，科学家成功生产了不易受禽流感感染的转基因鸡。将这样的过程和技术突破用之于人，无疑会引发重大的伦理问题，这些问题远远超出了本书的范围，姑存不论。在利用基因工程策略改造家畜时，当然也存在伦理问题，尽管一旦解决了食品安全问题，这些问题也就没那么要紧了。至少，只要我们不尝试大量繁殖有生育能力的怪物（比方说四条腿的鸡！），并且仅限于考虑感染和免疫方面，那就没什么大不了的。

第15章
秃鹰杀手

　　秃鹰并不是特别可爱的鸟类，且媒体形象一向不佳。我想到的卡通形象，是那个人在沙漠里爬，舌头向外耷拉着，眼前不见水的影子，而一对秃鹰，脑袋光光，幸灾乐祸地在近处栖踞着，等待那人最终崩溃，失去知觉。

　　然而，事实是，秃鹰像备受称扬的白头雕（bald eagle）一样，也是清洁我们景观的重要清道夫。在非洲，它们与某些哺乳动物，尤其是鬣狗有相同的作用，尽管鬣狗的名声比非洲秃鹰也好不到哪里去。非洲秃鹰，无疑还有鬣狗，与水牛、牛羚、跳羚、长颈鹿和斑马等有蹄类动物是一同进化来的。随着人口的不断增长，这些土生土长的草食动物逐渐失去栖息地，且越来越多地被杀死以提供"野味"。现在养殖了一些物种（主要是牛羚和水牛），但是在定向收获和管理的情况下，就更没有多少牲畜会倒在地里，供秃鹰食用。不可避免的后果是，除了生与死自然循环受到严格监控的野生动植物公园外，各地的秃鹰数量都将减少。此外，秃鹰像白头雕一样是大型鸟类，它们很容易撞上高压电线和我们在景观周围放置的其他障碍物。

　　非洲大胡子秃鹰（African bearded vulture）已被列为濒危物

种，而国际自然保护联盟（IUCN）也已将更为常见的白背秃鹰（the white-backed vulture）列为准濒危物种。总体而言，印度，尼泊尔和巴基斯坦的秃鹰，情况更为严峻。IUCN 的红色名录类别将三种印度秃鹰定为极度濒危，而在过去20年左右的时间里，这种情况还一直在迅速恶化。除了鸟类本身受到的威胁以外，对于这些国家的广大农村人口来说，这也是一个极为严重的情况。在印度次大陆上没有鬣狗，但是有很多牛只，部分是出于宗教原因，常常就地倒下，自然死亡。秃鹰传统上提供了完全免费且非常有效的卫生服务。

直到1992年，该次大陆农村地区秃鹰还到处都是。然后，那个十年还没过完，它们的数目就已迅速下降。有关个人和地方当局开始密切关注，许多美国团体，如爱达荷州博伊西的百富勤（Peregrine）基金和铂尔曼的华盛顿州立大学兽医学院迅速介入其中。要收集死鸟，最好是随死随收。那个地区通常很热，尸体保存不易。我在早期研究兽医时就已了解，要做详细的验尸，样本是越新鲜越好。

经过调查，病理学家很快确定，一旦排除了导致禽类死亡的常见原因，健康的秃鹰会迅速地死于内脏痛风。痛风？对于我们大多数人来说，这让人想起一些暴躁、贪杯、红鼻子的老笨蛋，他们那痛苦的、缠了绷带的双脚和脚踝停靠在铺了软垫的脚凳上。秃鹰不太可能灌下大量的波特酒或红葡萄酒，那么，这里发生了什么事呢？好吧，那就听我来说道说道。

人的痛风是由针状尿酸晶体在关节组织和毛细血管中的积累引起的。我们的许多食物中都有嘌呤，嘌呤的最终分解产物是尿酸，尿酸通常通过我们的肾脏排泄。肾功能逐渐受损的人，一旦伴有高血压和糖尿病等状况，那就离痛风不远了。若没有潜在的遗传问题或其他医学原因，则痛风可能更多是源于长期放纵无度和低运动量的生活方式，特点是过度摄取红肉（牛羊肉）和盐。喝多了美酒（或劣酒）可能不无干系，但喝酒大概不是主要原因。就连讲究节制的素食主义者也没有完全地逍遥法外，因为，过量摄入果糖也是个危险因素。

　　鸟类和人类有个共同特征：都没有可分解尿酸的酶 —— 尿酸氧化酶（尿酸酶）。秃鹰确实很喜欢吃红肉，但它们也能做大量运动，并且进化得能消耗得了这种饮食，而不发生明显的痛风问题。尽管如此，死去的印度秃鹰还是有内脏痛风，这意味着尿酸晶体已广泛分布，以至于病理学家打开体腔时，器官看起来都是白色的。当然，所有鸟类都会排泄黏糊糊的白色粪便，那就是浓缩的尿酸，而不是像哺乳动物尿液中排出的尿素（和一些尿酸）稀溶液。满地都是白花花的尿酸，这直接表明，某种形式的肾损害可能就是秃鹰消失的原因。

　　鉴于问题的严重性和广泛的领土分布，首先应该想到的是，秃鹰的死亡可能是由新型感染引起的。华盛顿州微生物学家林赛·奥克斯（Lindsay Oaks）和苏格兰兽医马丁·吉尔伯特（Martin Gilbert）与巴基斯坦和印度的研究人员合作，探索了这种可能性，但他们无法锁定一种特定的致病性病毒、真菌或细菌。样本还被送往吉朗的超高安全性澳大利亚动物健康实验室（AAHL），距墨尔本约1小时车程。AAHL的病毒学家真的有两刷子，并且确实找到了一种新的疱疹病毒。然而，尽管有人担心该病毒可能会给圈养秃鹰繁殖计划带来问题，但引起内脏痛风问题的并不是它。

由于未能确定传染原因，奥克斯，吉尔伯特和百富勤基金生物学家穆尼尔·维拉尼（Mirir Virani）转而推想，或许是死牲畜感染了这些秃鹰，毕竟那是它们的主要食物来源。问题是否可能出在给牛用的什么东西身上呢？他们检查了目前广泛使用的兽药，重点研究了较新面市而又可能引起一定程度的肾毒性的兽药。这一追就追到了一种非甾体抗炎药（NSAID），名叫双氯芬酸（Voltaren）。奥克斯测试了他的样本，发现所有患有内脏痛风的秃鹰都含有一定水平的双氯芬酸，而同等数量的无痛风秃鹰的"对照"组织均呈阴性。他们的报告于2004年发表在顶尖科学期刊《自然》杂志上。这真是皆大欢喜的事情：能在《自然》杂志上发论文，就算世界顶尖的科学家也会开瓶香槟；而杂志一方也乐观其成，毕竟，哪个编辑有能耐拒绝一个伟大的秃鹰侦探故事呢？

毒品从哪里来？双氯芬酸已经超过了专利保护期，非常便宜，并且由许多印度制造商生产。尽管牛在印度教文化中享有特殊地位，但仍然不妨用于商业生产，该药已作为一种广谱疗法大剂量用于治疗一般的炎症和不适。挽牛（拉车、拉犁用的阉割过的公牛）对农村经济仍然非常重要，用双氯芬酸治疗意味着关节酸痛的牛很快就可以下地干活儿，上路拉车。这东西也用于让奶牛恢复产奶。不管是公牛还是母牛，老病的时候，哪怕活着显然是遭罪，人们也不想杀死它们，而愿意放它们自由游荡，并为它们提供一些治疗。许多这样的牲畜受到严重危害，尤其是因为吃下塑料袋——牛不怎么挑食。

科学领域发生了很多事情，我们大多数人都太忙了，会跟许多精彩擦肩而过。我自己就错过了奥克斯和他的同事们在《自然》杂志发的论文，也错过了苏珊·麦格拉思（Susan McGrath）等人撰写的出色综述。实际上，直到2009年我访问南非比勒陀利亚大学兽医学院之前，我还对秃鹰的故事一无所知。我是应院长杰里·斯旺（Gerry Swan）的邀请去那开会的，开会是纪念阿诺德·泰勒（Arnold Theiler）爵士，要我去说点啥。这是一番不容拒绝的盛情。阿诺德·泰勒是黄热病疫苗先驱马克斯·泰勒（Max Theiler）的父亲，我们在本书第4章见识过他。他是传染病研究的真正英雄。

在访问期间，我与杰里和许多高级教职员痛聊科学话题。听人说动物疾病的发生，尤其是那些不会传播给人类的疾病，通常是新鲜而有趣的，因为我已经在生物医学的基础研究培养基（培养基，culture，另一义是"文化"）里深深地扎下根了。我与杰里及其亲密同事和门生文尼·奈杜（Vinny Naidoo）的一番讲论让我走进了印度秃鹰的故事。

杰里是一位药理学家，曾为当时的默克公司（Merck & Co.）工作，数年之后重返学术界。他在药物研究方面学有专长，又确定非洲白背秃鹰和格里芬兀鹫（griffon vultures。格里芬，狮身人面兽）不会出现内脏痛风问题，使他成为进一步研究双氯芬酸问题的不二之选。于是乎，应濒危野生动植物基金会秃鹰研究小组的马克·安德森（Mark Anderson）的请求，杰里和他的研究小组很快给非洲秃鹰注射了双氯芬酸，很快再现了典型的内脏痛风病理。

杰里，奈杜和他们的同事使用非洲白背兀鹰很快就证明，可以在牛身上使用同样是价格低廉的抗炎药美洛昔康，而不会给大鸟造成任何问题。即使取得了这一突破，而且印度和巴基斯坦政府也都实行了全面禁用令，但要将信息传达到农场和兽医供应场点并清除所有双氯芬酸，依然是困难重重。另外，另一种非甾体抗炎药酮洛芬也已登场，其毒性与双氯芬酸一般无二。

就牛而言，这些都是不错的药物，但是，当对野外大量畜群用广谱药物作对症治疗时，不可避免地会有少部分牲畜死于某种潜在的、且常常未被诊断的原因。常可观察到数百只秃鹰聚食一头死牛的场面。根据数学生态学家的说法，印度秃鹰种群头口的大量迅速减少，原因不必多么严重：每760具死牛尸体中，只消有一具尸体的双氯芬酸水平够高，就能造成恶劣的结果。

该药如何杀生？像许多毒素和药物一样，它在肝脏中富集，而对饿鹰来说，牛肝可是法国鹅肝酱一般的美味。毒理作用仍存争议，而我也不会去多么深入地探讨可能的毒理机制去烦人烦己。简而言之吧，可以说，可能由于血流减少，或者是我们在广告宣传中听到的那些"由非处方药带来的、到处乱跑的、可怕的极端分子（自由基）"的捣乱，或者是二者兼而有之，造成了敏感、曲折的近侧肾小管损伤（所谓的"坏死"）。无论终极原因究竟是什么，最终结果，都是尿酸无法通过肾脏清除，而在身体组织中迅速积聚，继而导致血液中钾积累过量，末梢器官衰竭，造成死亡。

当然，秃鹰种群死亡的主要后果，是失去了免费和有效的环境卫生服务。结果是，其他食腐动物的食物供应量增大了。在印度，野狗基数本就很大，又是狂犬病的主要携带者；食物丰富，数量自然急剧增加。结果，农村工人被狗咬的风险也增加了。2008年的估计表明，秃鹰的缺失，仅在印度就造成5万多人丧生。狂犬病是一种可怕的死亡方式（止痛药对它无效——译者）。被狂犬咬到后的治疗是有的，但是成本既高，医疗机会又少，加之一般人缺乏知识，结果，贫穷的农民会选择"传统"疗法，这意味着，被狂犬咬伤常常就等于判了死刑。对于没有适当控制的狗只进行扑杀或消毒，虽云激进，但可以大大缓解该问题。

另外，秃鹰的丧失也有文化上的影响。长期以来，信奉拜火教的印度人一直遵循一种非常合理的做法，死了人，将尸体肢解后放到石砌的"寂静之塔"上，交付秃鹰处理。没有秃鹰，就意味着没有尸体移除。另外，随着印度变得越来越繁荣，越来越多的人服用西方社会的中老年人常用的各种药丸。研究者不知道究竟还有哪些药物对食腐肉的动物有毒。尽管拜火教的做法具有不占用可用土地、且不会造成温室气体排放等巨大优势，但也许是时候考虑另一种殡葬方式了。

其他鸟类，如鸦科动物，也容易受到非类固醇类抗炎药的毒害作用，所以说，这种特征性的内脏痛风现在必须列入世界各地兽医和野生动植物病理学家的观察名单。我们正在以各种方式将大量潜在的有毒物质排放到自然环境中，而没有去努力评估这些东西对野生生物和其他物种的可能影响。比如，像布洛芬这样的非类固醇类抗炎药对狗也有毒性。狗和秃鹰都是明显可见的大个头儿，可是，生活在我们世界上的其他无数动物又当如何呢？

毒素的检测通常取决于能否获得适当的实验室服务。所以，如果我们看到大量死鸟（或其他野生动物），应当将其遗骸送到国家卫生实验室。农民常用农药拌种或浸种，以毒杀被当作害虫的鸟类，但是谁能相信，这些产品不会对其他禽类造成致命影响呢？

但是，如果我们确实要捡拾死去的野生动物，请务必小心，保护自己免受感染。此外，狂犬病可能传染给狐狸和浣熊等物种，因此，在接近之前，必须绝对确定该动物已经死亡。狂犬病对鸟类没有影响，但果蝠携带有与狂犬病病毒紧密相关的病毒，那些病毒同样致命。有病的蝙蝠只能由持证的蝙蝠处理者前来收拾。

大千世界，林林总总，任何物种都会有人为之着迷。查尔斯·达尔文尽管因研究加拉帕戈斯地雀而享有大名，他也花了十年工夫解剖藤壶。这里还有个故事，说是达尔文有个小儿子跟邻居的男孩玩耍，问人家："你爸爸在哪儿研究藤壶？"如果大冷天出去观鸟不是你的菜，你完全可以大热天去观察蝴蝶。蝴蝶和毛毛虫是鸟类的食物，它们的生存状况也跟农业和农民大有干系。蜜蜂给我们提供蜂蜜，其他蜂类也能为植物传粉。不光养蜂家和农学家对蜂类有兴趣，环境科学家对它们也关注有加。杀虫剂的问题、气候变化，都对它们大有影响。就算为了我们自己的身心健康，我们也得关注它们。而蝴蝶和蜂类的健康和数量，也需要业余爱好人士参与观察和调查研究。不过，依我看，还是观鸟比较容易，包括容易为科学做出实实在在的贡献。你不妨想想看，如果你研究的是小型哺乳动物，你必须仔细费心架起长焦照相机，一天到晚在同一地点守候，而要理解它们那些鬼鬼祟祟，也需要更麻烦的科学训练。

第16章
重金属

重金属音乐你觉着有毒没毒，这都是个人品味；但说到真货色，那是毫无疑问的。金属虽然可以致命，但并不全都是坏东西 —— 重金属音乐也是如此，如果你属于对的一代，或者是人在露天演奏而你跟乐队离得足够远。同样，在金属和脊椎动物生物学方面，剂量、范围和位置也至关重要。

有些重金属在禽兽中没有正常的生理作用。该清单包括铅、汞和镉。过去，铅化合物（例如铅粉和乙酸铅）曾用于化妆品，避孕药和染发剂。砷是另一种重金属，以多种配方被广泛用于传统的早期医药。"免疫学之父"保罗·埃里希（Paul Ehrlich，于1908年获诺奖）开发了长期代用药物撒尔佛散（Salvarsan），用于治疗梅毒和锥虫病，其他砷化合物则通常被用作面部粉剂，食欲刺激剂或用作啤酒中的发泡剂。鸟类和人均可因摄入有砷污染的地下水而死亡，这在印度和孟加拉国尤为严重，而在作物上喷洒砷以控制病虫害也危及鸟类。第一次世界大战中曾经使用的毒气路易斯石是一种有机砷化合物，会导致严重的肺损伤。而解毒剂英国抗路易斯酸（BAL）是一种螯合剂，可与多种重金属（包括铅和砷）结合，从而使复合物排泄到胆汁中，然后通过胃肠道排出体外。

另一方面，某些金属对于正常的身体功能则至关重要。铁，铜，锌，钴，钠，钾，锰，镁和钼肯定是这种情况。但所有这些通常都与其他分子化合形成生理盐（如氯化钠），或者与别的分子（如蛋白质）组成辅酶因子，后者对氧的转运（如血红蛋白中的铁）和利用（如细胞色素C氧化酶中的铜）都是必不可少的。锌无处不在，许多酶类、转录因子、信号转导分子等都少不了它，而这些对人体所有细胞的功能都至关重要。过氧化物歧化酶天然起到中和危险的自由基（过氧化物便是其中之一）的作用，而过氧化物歧化酶中分量不同地含有铜、锌、锰或铁。

像运铁蛋白这样的分子，其作用是维持足够水平的铁并防止贫血的发展。在遗传性血色素沉着病中，从肠道吸收的铁过多会导致生理负荷过重，并最终导致诸如肝硬化和癌症等并发症。治疗的一部分是定期放血以除去一些铁。在欧椋鸟和一些笼养热带鸟类如八哥和巨嘴鸟中，有研究者曾经猜测，某种"类血色素沉着病"与金属有关，尽管其病因尚不清楚。在人类中，导致铜排泄减少的遗传缺陷也会造成严重的肝脏病变，从而导致威尔逊氏病的特征性脑损伤。治疗方法包括给予螯合剂（如二硫基丙醇或青霉胺）以除去多余的铜。如果这些不管事，那么，最终的激烈手段就是肝移植。

以游离形式或以可溶性盐形式摄入时，重金属可能有剧毒。对于笼养鸟，酸性食物和液体会把铜浸出来，因此最好慎用铜制的容器和管道。不应鼓励鹦鹉咀嚼旧硬币、镀锌或镀镍的鸟丝。用含有铬酸锌的防锈底漆涂鸟笼也是一个坏主意。在家禽饲料中添加少量硫酸铜会增加红血球生成（血细胞的产生），但众所周知，饲料厂会把剂量搞错，从而导致禽类中毒。关于铜毒性的经典实验室实验是在几年前做的，方法是向鱼缸里的水中添加越来越多的铜盐，然后对不幸的金鱼的大脑作病理学解剖。

野生鸟类可作为漫游的自然检测系统来检测重金属的存在。在工业乙醛生产过程中产生的甲基汞会跑漏进工业径流，污染到河流和河口。这种汞衍生物通过滤食者（软体动物和牡蛎）富集，然后沿食物链向上传播，最终在鸬鹚，老鹰和我们这样的食鱼者的身体组织中达到最高水平。甲基汞对鸟类和哺乳动物的脑细胞具有同等毒性。早在1956年，日本水俣病就被发现是造成严重共济失调（运动不协调），麻木，精神错乱，昏迷和人类死亡的原因。明明看到鸟类从半空坠落，狂舞的猫跳海 "自杀"，但仍然花费了数年的时间才能采取有效的预防措施。在水俣市，水源是当地的，因此水位很高。但是当这种不受控制的工业径流进入大海时，即使在看似辽阔的海洋中被大大稀释，也会产生潜在的后果。举个例子。人们从阿拉斯加阿留申群岛偏远水域采集了藻类，贝类，中上层鱼类和簇绒海雀及其他海鸟的羽毛，测试显示，汞含量增加了，尽管含量还不足以引起公众健康方面的关注。由于北部洋流的作用，2011年日本海啸造成的大量碎片都走了同样的路线，造成集聚。

* * *

我们都知道铅中毒。有人甚至提出，使用铅管和铅制大锅加剧了古罗马帝国的陷落。（也许管道并没有那么危险，因为它们很快就会被内部的碳酸钙水垢覆盖。）但是，每个人都知道，从老房子剥落或清除的铅漆是有危险的。与任何毒素的摄入一样，体重是一个重要因素，因此，鸟类和小型动物，包括儿童，尤其处于危险之中。当事关环境铅中毒时，鸟类可以而且确实充当着哨兵。实际上，美国西部早期大采矿那些"肮脏"日子几乎导致了加利福尼亚秃鹰的灭绝。该物种目前仍然受到威胁，详情随后再讲。

更晚近的一个与采矿有关的铅中毒经典案例发生在2007年，地点是西澳大利亚州的港口城市埃斯佩兰斯。由于将碳酸铅精矿研磨成粉状，粉尘沉淀在房屋、地面和雨水罐中。（我成长于布里斯班远郊，整个童年时期，所见之处都是这种污染，尽管我们那里的污染来自当地的所谓"水泥厂"，而且毒性比埃斯佩兰斯低得多。年复一年，时不时就会落下一场灰色的粉尘，这使我很好地见识到这种污染物如何无孔不入。）在埃斯佩兰斯案例中，粉尘不是从未经过滤的烟囱中喷出的，而是从码头吹过来的，装卸过程中扬尘尤其严重。解决这问题并不麻烦。加一道相对简单的熔炼工序，将材料压成锭状，所有风险就都消除了。另一个选择是将粉状精粉装袋，再装到密封的桶中运输，现在他们正是这样做的，但那时并非如此。不过，归根结底，埃斯佩兰斯人很幸运。他们得到了警告，医务当局和政客都被迫采取了行动。震动他们的，是大约4000或更多只鸟的突然死亡。粉尘是六亲不认的，杀死了食蜜鸟、海鸥、麻雀，实际上，凡是带羽毛的族类都被杀死了。

埃斯佩兰斯事件的惟一好处是，问题的本质及早得到了认识，没在人群中引发广泛的中毒事件。假如水平足够，首先会伤及儿童，引起贫血和脑部伤害。但是，埃斯佩兰斯的住户仍需慎用雨水，也不要怠慢了家中的灰尘。尽管这个故事还算是众所周知，但未必就会引起全面的回应。澳大利亚是联邦制，因此，虽然西澳大利亚当局被迫处理了这种情况，但其他州没有。最近的媒体报道表明，昆士兰州伊萨山的住民可能也有危险。

　　说到这，或许诸君中有哪位，恰好住在上述的采矿小镇或港口，且有一些闲暇，那么，观鸟将是一个不错的爱好。如果突然发现死鸟增加，想到那或是中毒所致，那么，最好知道应该联系哪个部门。还有一件能做的事情，是提防自家的小孩子吃那种很有特色的蓝灰色系列口香糖，当心铅中毒。省下买口香糖的钱和时间，去买副优质的双筒望远镜，到新鲜空气中打发时间，似乎有多方面的好处。还应注意，镍中毒的症状包括皮疹，头晕，恶心和失眠。与采矿业相关的许多操作都可能增加大气中的镍含量。在埃斯佩兰斯分析铅污染水平时，发现环境镍的浓度也很高。

＊　＊　＊

　　我们已经从汽油中去除了铅。现在，至少在那些我们普遍认为的发达国家里，矿业公司通常都受到适当的监视和监管，然而，仍然有另一个导致鸟类铅中毒的重要原因。这与休闲活动有关，特别是用于狩猎的铅弹和用于钓鱼的铅坠。在我们希望视为文明世界的地方，两者都被逐步禁止。

　　铅这种金属有点特别：它只能在极短的时间内保持光泽。熔融铅看起来就像旧式温度计中的银汞那样贼亮，但很快就会失去光泽。它迅速氧化，产生其特有的暗灰色外观。那些自制子弹、铅弹或铅坠的人（这是一个简单的程序，因为这种金属在柴火上就能熔化），会知道该发灰过程发生得有多快。在其他情况下，铅容易与酸结合生成各种盐。关键是，尽管铅本身不溶于纯净水，但很容易转化为水溶性的各种形式（乙酸盐，硝酸盐），因此，如果鸟摄入铅，或者人把铅射入鸟（如铅弹），就可发生生物作用。

各类体育活动中喜欢用铅，除了因它较为便宜，还因它密度大。这意味着，比如，一盎司的BB弹，含50粒铅弹，而钢弹啥的就得是70粒。另一款弹丸的配方含有钨、镍铁和锡（TINT弹）。所有这些，单独来说都有潜在的毒性，但合成一块儿，则会形成基本上不可降解的颗粒，只有在猎人真正找到自己的目标时，它们才是危险的。

你可能要问："什么？铅弹肯定只在把鸟击中时才有问题吗？"当然，主要问题不在这里。无论如何，大多数人都是很烂的枪手，用霰弹枪时，通常会把枪管堵一堵，根据自己的手段来扩大或缩小散弹范围。比方说，如果那1盎司的弹丸全都打到一只松鸡，这只烂鸟就不会剩下多少可供显摆或食用了。据统计，每找到50粒打中目标的弹丸，就有约6000粒落到地上。重力原理保证，凡是抛上去（或抛出去）的东西必然下降。结果是，在频繁使用的狩猎场上，颗粒物浓度可能在每公顷18000至70000粒之间，例外情况下甚至达到每公顷40万。美国环境保护署的一项数据表明，每年在室外射击场中沉积约7万吨铅。这不是个小数字，对于一种日益稀缺并且有其他重要用途（例如电池）的金属来说，那可是巨大的浪费。

　　许多种地面啄食鸟类和潜水鸟类会吞下小石头，以帮助在砂囊中研磨食物。如果吞下的是铅弹，那只鸟就有问题了。只消一粒它就死翘翘了。另一灾难性的情况是：铅的盐、铅的氧化物或氢氧化物可溶于水。由于认识到这一点，美国政府自1991年起就禁止使用铅弹打猎水禽，这一立场得到了猎人和保护组织"鸭类无疆（Ducks Unlimited）"的支持，这也是加拿大等国家的法律规定。

　　将铅禁令扩大到高地和狩猎步枪则较为困难，但也取得了良好的进展，特别在加利福尼亚州是这样。先前，打而不死的鹿逃开猎人，过些日子，死在一个远离人类但没有远离秃鹰的地方。该州本来就保护不力，秃鹰无多；由于摄入废弃的鹿尸中残留的子弹，秃鹰又遭到第二次清除。现在，猎人被要求埋葬猎物的内脏，因为那可能含有子弹或其碎片。同样的铅摄入风险也适用于所有食腐兽和猛禽，包括白头海雕。（鸟兽不仅受到铅中毒的影响，人们还发现，白头海雕尸体内铜含量也不低，因为铅步枪的子弹经常是镀铜的。）先前曾有怀疑，认为康多鹰（加利福尼亚秃鹰）的高死亡率跟慢性铅中毒有关，这一怀疑最近得到了证实。研究者发现，它们的血液中，铅水平高到危险程度。人们将一些危重病禽关押一段时间，以便可以通过用螯合剂治疗使它们康复。

　　与猛禽一样，我们也是掠食者，尽管如今我们的狩猎和捡拾操作可以在超市或肉店中进行，也可以通过坐在高档餐厅里仔细阅读菜单的方式进行。作为人，我有时聪明，有时也很愚蠢。在我得知这个铅弹故事之前，我还真没想到食用鹿肉、鸽子或松鸡有啥危险。现在，我在点餐的时候就要问一问，我的盘中餐是否来自野外杀死的动物，如果是，就要知道用的哪种枪弹。说到底，为策安全，还是远离野味。无论如何，还是吃来自牧场的牛肉和羊排更容易，也更安全。

猎人不是唯一的罪魁祸首。钓鱼坠子也是个问题，在美国北部和加拿大，这种来源的铅中毒被认为是成年普通潜鸟的主要死因。砂囊中找到铅坠的潜鸟，其肝脏中记录到的铅含量超过5.0 ppm（百万分率），而没有铅坠的鸟只，其肝脏中的铅含量低于0.1 ppm。自1987年以来，铅坠在英国一直是非法的，加拿大现在则禁止使用重量小于50克的铅坠。

正如记者和作家约翰·莫尔（John Moir）所指出的那样，捕猎来的商业野味中可能有很多金属碎片。至少从我个人的角度来看，那些一直在分析食腐肉者血液中铅含量升高、并调查其根本原因的人，提出了一个重要的公共卫生问题。原来，我们一直受到神鹰（康多鹰）和老鹰的警告，它们在采取野外狩猎猎物的样本，它们是我们的哨兵。

第17章
红鹬和蟹卵

　　话说那年，我去了趟加拿大，在多伦多参加盖尔德纳国际医学研究奖设立50周年庆典，作为庆典的一部分，又去渥太华参观加拿大议会。他们在优雅的、修复一新的议会图书馆展示了精美的奥杜邦手绘鸟类原印收藏（初为水彩手绘，奥氏倩人翻为铜版画，手工着色。奥杜邦在世时，于1828 — 1838年期间曾多次出对开版 —— 39½ x 29½英寸 —— 收435图，限量甚少，极之精美昂贵。当时售价1000美元。1992年，有一本品相上佳者拍出400万美元天价。1839年，奥氏决定再出一种普及版，尺寸为10½ x 6½英寸，收500图，售价100美元。今天，此版品相佳者市价可达25000美元，且犹有升值空间云。——译者），我作为数位嘉宾之一，躬逢其盛，得以一饱眼福。藏品刚从各藏家手中收回，主要包括由约翰·詹姆斯·奥杜邦（John James Audubon，1785 — 1851）在加拿大制作的彩绘。看着这些彩墨如新的奥氏原印，我不禁思考，该如何将鸟类的当前状况（许多人认为，由于栖息地破坏和人为气候变化而迅速退化）与早期的情况作一比较。我们从哪里获得关于鸟类的历史数据呢？

　　奥杜邦的画作以及约翰·古尔德（John Gould）和他的同事们在喜马拉雅山、澳大利亚和巴布亚新几内亚所做的可与伦比的工作，确实提供了有文献记载的宝贵历史资源。但是我想到，那些早已构成世界自然历史博物馆核心陈列品的19世纪辉煌藏品，也必有极大的重要性。因此，当我回到多伦多后，趁盖尔德纳周年庆典休会间隙，我安排与皇家安大略博物馆（ROM）的鸟类馆馆长暨策展人艾伦·贝克（Allan Baker）见面。艾伦祖籍新西兰，是鸟类学界的活跃研究者和杰出人物。

到达ROM后部入口后，我很快由人带领，穿过一个大门，从此发现了为人熟悉的公共展示厅背后的奥秘。尽管我不是学博物馆学专业的，但我完全感到宾至如归；最高水准的分子生物学研究实验室与走廊、办公室和会议室相通连；除了电脑看来各色些，这些房间给人的感觉简直就是回到了20世纪初年或更早的时代。不过，不那么眼熟的，是存放鸟类收藏品的房间。这才是我此时此刻最想看到和讨论的内容。

我的思路，从毕恭毕敬观看奥杜邦的版画开始，迅速进展到怀疑纳闷儿：保存完好的某些博物馆藏品，其状态是否足以让我们对18世纪和19世纪的标本与当代鸟类进行基因比较。此外，如果材料仍在，人们是否认真考虑过使用它们去作一番"分子考古学"研究？艾伦·贝克很快打消了我的疑惑，我很高兴地听到，答案对所有疑问都是肯定的。

首先，尽管大多数老旧鸟标本不再展出，但它们在整个博物馆界都受到保护。艾伦向我展示了一些抽屉，里面装满了精心编目的、用砷剂保存的鸟类"皮肤"样品，这是19世纪收藏家和博物馆管理员所使用的标准方法。其次，要处理的材料通常处于足够良好的状态，以允许（通过聚合酶链反应，PCR）获取其"古老"DNA，并具有足够的完整性以作序列分析。第三，已经有人想到了这个，但是与大多数自然史研究一样，通常的问题是钱。人类肯花费数10亿美元生产轰炸机，这些轰炸机毫无用处，最终被闲置在亚利桑那州的沙漠中，但我们无法找到小得多的数目去探究自然界中各种各样的奇妙事物，并探问现在正在发生的事情可能会对这个星球上生命的未来产生何种影响。

言谈之中，艾伦告诉我，到目前为止，人们所做的大多数DNA工作都集中在当代鸟类种群之间和种群内部的遗传关系上。随后，话题越拉越开，他开始介绍他本人的工作。那是我第一次听说红腹和蟹卵发生了什么事。艾伦还给了我一些复印件，包括在ROM杂志上发表过的一般概述。后来，我回到家里，下载了他的一些研究论文，不觉间读到一份关于人类行为对候鸟种群影响的报告，分析详细，数据凿凿，调查做得瓷实，文章做得漂亮。下面，我就给您简单讲下这个故事。

红腹（red knot, red-breasted sandpiper, *Calidris canutus*，红胸矶鹬）是一种中型候鸟，体长约25厘米，翼展约50厘米，在加拿大、俄罗斯和欧洲的北部繁殖，然后直下澳大利亚、新西兰、南非和南美。总体而言，数量很大，目前在全世界范围内都处于"最不受关注"的状态。但是，你随后将要看到，这不一定适用于区域种群。红腹每年都要从大约北纬50°区域迁徙到远达南纬58°区域，这样，它们一生大部分时间便可以待在食物丰富的夏季地区。

虽然红鹬的羽毛通常为一体均匀的浅灰色，但在繁殖季节，这种鸟，无论雌雄，其头部、喉部、胸部和腹部都变作肉桂红色，故而俗名中有个"红"字。锈红色在雄性中仅略显突出。雌雄不仅有相同的色泽，并且还有相同的行为——雌雄两性都孵卵。迁徙的鸟群听起来似作"喁喁"的低鸣，这大概就是俗名中"鹬"字的来源了。有所追求的雄鸟在交配季节会发出类似"求求你"的呼声；这种"求求你"的姿态旨在确保雌性参与。长期以来，许多脊椎动物为自己传宗接代延续物种，一直都在使用这一策略，人类也不例外。

艾伦·贝克和他的同事所研究的红胸矶鹬的 *Calidris canutus rufa* 亚种每年都来一次飞行马拉松，迁徙3万千米，从加拿大北极圈的荒漠飞到南极圈的火地岛，然后，在北半球夏季来临时再飞回来繁殖。*C. c. rufa* 红鹬寿命为7～8年，一生要旅行40多万千米。每次长途飞行只有几个停靠站点，因此，起航前它们要承担相当大的体重，且必须在途中加油。长距离飞翔的候鸟，出发之前体重大约是平常的两倍，在 *C.c.rufa* 红鹬，是从90克～120克到180克～220克。飞行时，脂肪提供了主要的能量储存。一旦脂肪耗尽，鸟类便开始从肝脏和肾脏等体内器官、乃至从嗉囊和肠的平滑肌燃烧蛋白质，然后就要从用于飞行的胸横纹肌提取能量，从而导致整体力量逐渐下降。沿途的几个配货齐全的"天路"食品店显然是必不可少的。到达后，必须迅速恢复胃肠道和消化系统的完整健康；否则它们就更容易受到外来肠道微生物的侵袭。

在几个遥遥分散的地点，专家正在对 *C.c.rufa* 红鹬进行深入研究：加拿大北极圈；圣劳伦斯湾北侧的明安（Mingan）群岛；火地岛的最南端；向北约 1400 千米，地处圣安东尼奥·奥埃斯特的几块阿根廷湿地；最后，也许也是最重要的一个点，是费城－巴尔的摩－切萨皮克地区的特拉华湾。全部旅游团向南航行时会在明安群岛稍停加油。然后，大多数团员前往火地岛，作全程旅行，一些较小的团体则更喜欢热带风格的池苑，于是在巴西北部或佛罗里达州的南部就结束旅程。从欧亚大陆南下到澳大利亚的大多数红鹬和大鹬（great knots）也倾向于在该国西北部较温暖的地方结束旅程。我们在自家附近看到的同样充满活力的短尾鹱，则是从阿留申群岛和堪察加半岛出发，在寒冷的巴斯海峡的岛屿和海滨结束自己一路向南的朝圣之旅。短尾鹱与红鹬相反，它们在南方产卵、孵卵，然后去北方享受空窗季。

　　我们如何确知一个候鸟物种状况有何变化呢？一种简单明显的方法是计数不同站点的数量。一份 2003 年对 207 个海滨水鸟种群作的分析表明，约半数种群数量下降，而只有六分之一的种群在增长。然后，还有艾伦和他的团队在红鹬研究中使用的更多干预主义的方法。先是用大炮网捕捉这些鸟类，然后给以温柔的处理，给它们系上腿带，最近是使用带有激光编码铭文的"彩旗"，可以通过大倍数的瞄准镜读取。大炮网捕捉是这样子：将一张大网的四个角分绑在四门炮的射弹上，然后由光膛炮打上去，使大网向上向外散开，然后轻轻落下以捕捉鸟类。这显然具有很好的可耐受性，当然，如果要称重禽类，以便评估它们的总体身体状况、并将其与以后的存活情况联系起来，则不免要作一些处理。

　　尽管在繁殖季节，它们也到达了极北之地，那里最终会有很多吃的，但是，红鹬们到达时总得有相当好的状态，特别是雄性红鹬，因它们要先期到达还没有任何食物可吃的苔原。而且，天气仍然可能非常恶劣，许多鸟会冻馁而死。这使得特拉华湾的体验至关重要，因从那里到北极，就都是不间断的茫茫天路了。在5月出发的约5天之前，只要食物供应充足，一只鸟每天可以增加5～10克（平均4.6克）脂肪和蛋白质。相比之下，从火地岛一路北上圣安东尼奥大区的鸟儿每天才增重1～2克。即使是那些仅仅飞往巴西的较小鸟群，在回程中要到达大西洋中的站点，也必须飞行5000多千米。那些在随后的几年中再次被发现的鸟儿都是早早到达特拉华湾的，其体重增加了47克，这是他们飞越2400千米长途而最终到达加拿大苔原所需的本钱，而迟到的低体重鸟类往往会永久消失，不再出现。

但是，从1997 — 1998年到2001 — 2002年，状态良好的红鹬（体重200克或更多）的比例下降了70%，同时，禽鸟数量也减少了50%以上。要了解正在发生的事情，我们需要更加仔细地研究食物链。红鹬以如此之快的速度增加脂肪和蛋白质的储藏量（体型扩张的程度相当于吞下一个"超大尺寸"的麦当劳），主要是通过利用高能量的马蹄蟹卵来实现的。马蹄蟹在卡罗来纳州以北的美国大西洋沿岸稀松平常，但是，对于生活在世界其他地区的大多数人来说，这些奇怪的生物鲜为人知。

化石记录表明，马蹄蟹（Limulus polyphemus，鲎）是地球上最古老的生物之一，而且4亿年来保持不变。我童年时习惯于饱食那多肉的蓝色游泳蟹（沙蟹）和昆士兰州的泥蟹（红树林蟹）。当我在长岛海滩上著名的冷泉港实验室附近第一次见到这些活化石时，我不禁看了又看，看它们那小小的胴体，巨大的头胸甲，蜘蛛一样的长腿，还有一根装甲的尾巴。冷泉港实验室多年来由沃森领导，"沃森−克里克"的巨大名望（DNA双螺旋结构的发现）使那里成了分子生物学的主要"家园"之一，因此，即使是最痴迷于自己狭窄关注点的"板凳"生物学家（访问学者）也会到那里参观，于是也认识了马蹄蟹。有些人甚至从此开始研究起它们。

这种蓝血的无脊椎动物更接近蛛形纲（蜘蛛，扁虱，蝎子），而不是蟹子一族。它们使用含铜的血蓝蛋白、而不是含铁的血红蛋白来输送氧气。此君已被用于视觉研究，而其白细胞的溶菌产物（lysates）提供了检测细菌内毒素的标准诊断测试。内毒素是人类致死性休克的原因之一，对于各种细胞培养系统而言，也是个大问题。试验取决于马蹄蟹血细胞中一种称为凝集素的独特分子，该分子被释放进液相物时，遇到内毒素就会凝结。在自然界中，这种机制无疑有助于保护螃蟹免受细菌感染的影响。技术人员从海滩上捉到它们，"采血"后将其放回水中。内毒素的作用是约翰·霍普金斯大学科学家弗雷德·班（Fred Bang）多年前发现的。弗雷德·班是一位思想敏锐、和蔼可亲的科学家，他在我的病毒免疫领域也做了重要的早期工作。我很早就认识他，那时候我的研究生涯才刚刚开始。

马蹄蟹能从远古幸存至今，没有灭种，全仗能生产大量卵子，照理说，蟹卵应该极之丰沛。因此，红鹬数量的突然减少令人困惑。问题出在经济，也就是人类行为。栖息地的变化可能起到了雪上加霜的作用，但主要因素似乎是多年来马蹄蟹一直被用作鱼饵，1997年到2002年期间，钓鹦鹉螺的，钓峨螺的和钓鳗鱼的人数大量增加。这导致马蹄蟹的数量减少了六成，蟹卵供应量急剧下降，相当于这个红鹬加油站凭空减少了一大罐0号柴油。马蹄蟹的主要捕食者——红海龟的种群规模估计也大大减小了。到目前为止，由于渔业界和法院的压力游移不定，只有特拉华湾系统尽北端的新泽西州才能够维持全面禁止马蹄蟹捕捞的禁令。有一个措施多少有助于调和经济和环保要求，那就是将用于钓峨螺和鹦鹉螺的马蹄蟹放在网眼袋中，从而限制由于其他物种的攻击而造成的浪费。另一个办法是让垂钓者使用已经取血（用作试剂）的马蹄蟹。

然而，又是什么原因导致峨螺收获量突然增加呢？由于加勒比海皇后海螺（the Caribbean queen conch）的供应量下降，以前卖不上价钱的峨螺肉突然身价倍增。而女王螺的减少又是前十年过度捕捞的结果。然后，人们对特拉华州和切萨皮克郡的沙蟹数量感到担忧，导致制定禁捕法规，这将一些渔民赶出沙蟹市场，转而去捕捞鹦鹉螺、峨螺和鳗鱼。我们都很在乎吃的东西。曾经在切萨皮克或特拉华州街边螃蟹棚那朴实无华又难以忘怀的氛围中，面对浇了浓厚料汁的沙蟹，把盏持螯、猛灌啤酒的人，都明白为什么这种文化不乏拥护者，我也在内。但是没人吃马蹄蟹，因此它们没有那么广泛的群众基础。当然，任何菜单上也都没有红鹬。然而，光不吃还是不够的。若想红鹬的日子过好，特拉华湾沙滩最上面的5厘米沙子需要每平方米里找到约5万只马蹄蟹卵，这意味着随机每一拖网都能捞上约15只蟹。截至2008年，该数字下降为1~5只。

在美国，*C.c.rufa* 红鹬的案例已经广为流传，甚至出了一档PBS（公共广播公司）纪录广播节目，尽管只有不超过20%的美国人曾经收听过PBS。尽管如此，建立和实施更加严格的监管、将马蹄蟹普查行动恢复到合理水平，所需的仍是一场持久战。在火地岛的重复计数显示，红鹬的数目已从 2000 年的 53 000 下降到 2002 年的 27 000，再到 2008 年的 14 800，这导致加拿大提出了将其推上濒危物种地位的建议。即便如此，科学家们仍看到了一些令人鼓舞的迹象：在火地岛发现了更多返回的少年红鹬。

　　这里要传达的基本信息是，任何人为引起的突然变化都会对自然生态系统（或捕捞生态系统）产生影响。对科学的普遍无知使人们无法合理应对现实的变化，这本身就是很危险的。生态系统的破坏，过度捕捞，归根到底都是无知的结果。最近，圣安东尼奥·埃斯特市政府不顾当地和国际保护组织的强烈劝说，还是在湿地红鹬进食区、蟹卵生产力最高的部分挖掘了一个潮汐游泳池。当然，责怪贫困地区的人们为了发展不顾环境，那实在是太容易了。他们只是在重复我们长期以来所做的事情。

　　建高尔夫球场，开发住房和度假胜地，甚至于建汽车制造厂，都给沿海湿地造成了威胁。原油泄漏也要付出环境代价。要保护日益稀少的、能够养育本地物种和来访鸟类的湿地，就需要持续采取行动并保持警惕。在日益全球化的世界中，我们如何制定战略来保护超越民族、国家边界的关键自然资源？鸟类和鱼类是不认识国界的。在北非和印度尼西亚，土著渔民变成海盗的情况也越来越多；由于对脆弱的自然资源和栖息地的过度开发以至破坏，他们也失去了生存的根基。他们跟某些海鸟是一样的命运。

第18章
热 鸟

物候学：那就是我们下一步要去的地方。不知道那是什么？没关系。在我开始泛览环境科学这个令人着迷的领域之前，我也没有好好研读过这个话题，它跟我的免疫学和传染病研究领域大相径庭。我查了下电子词典，文字处理程序中有拼法检查，以红色突出显示了"phenology"（物候学），但它又显示，"您是不是要找phrenology？"那个词的意思是"颅相学"，那是一门让人生疑的伪科学。电脑右手边放着一本1996年版《袖珍牛津词典》，翻开一查，它从"phenol，苯酚"直接就到了"phenomenal，现象"，两者之间再没有别的词。那就查谷歌，反正手边也没有更权威的仲裁人。在这里，我发现，物候学是"关于动植物生命周期中发生的事件以及这些事件如何受到气候和季节和年际间变化的影响的研究"。

其他书籍，例如Moller，Fiedler和Berthold三人合著的《气候变化对鸟类的影响》，对世界变暖对各鸟类物种的影响作了更全面的研究。可是我心有未惬，认为我们对于物候的探索，可不能忽视气候变化对鸟类与人类之间复杂相互作用有哪些影响。意识到自己学识浅陋，差的不是一点半点，我就去澳大利亚气象局向琳达·钱伯斯（Lynda Chambers）讨教。这是她的研究主题。尽管有许多科学家专注于北半球的物候学，但琳达致力于探讨气候变化对栖息在、或造访南半球的鸟类的影响，是这个领域为数不多的专家之一。她很快指出，她的研究工作非常依赖于那些默默奉献的业余观察员。他们见多识广，消息灵通，活跃在澳大利亚鸟类生命基金会（在澳洲相当于美国奥杜邦学会）等组织中。没有他们，她的任务是不可能进行的。这些组织提供了跟踪各种鸟类物种的分布、数量和移动所需的大量数据。

　　本书不是一本关于人为气候变化的书，然而，鉴于铺天盖地、资金充足的虚假信息宣传活动已经迷惑了很多人，有必要先点出一些基本知识。首先，对许多影响气候周期的事件，我们是无能为力的。人所皆知，我们显然无法控制火山活动或地球自转倾斜度的周期性变化（使我们靠近或远离太阳，从而加热或冷却大气）。"米兰科维奇周期"很大程度上决定了冰川的世代更迭、冰层融化、海洋水面上升的时期，这些都是这个星球整个地质时期的主要剧情。当然，该剧情仍在继续，但是，至少有一个预防性原则能促使我们妥当施政，这个原则要求我们采取行动，减少温室气体的排放。尽管不可能将随便哪一个孤立的气候事件都归因于人为变暖，但是极端事件的不断增加每次都应验了十多年来气候学家持续做出的预测。如果你认为这只是学术界的热门话题，那么请你留意，在未来几年内，海滨不动产或"树木改变"不动产的保费将如何变化，如果还可能获得任何保险的话。钱是硬道理。

　　以2010年的情况为例：季风降雨在巴基斯坦造成了前所未有的洪水泛滥，至少有1500人死亡，超过100万人流离失所。中国南部和中欧的大规模洪灾造成了巨大的经济损失和一些生命损失。在俄罗斯，历史性的热浪造成了广泛的农作物歉收，森林被烧毁，核设施受到威胁，莫斯科因烟尘和雾霾而窒息。葡萄牙18个省中有13个省发生森林大火，这是活着的人们记忆中最严重的一次。然后，在2011年初，斯里兰卡的洪水使80万人流离失所；巴西有600人死亡；我的家乡昆士兰州成了一片浩阔的洪泛平原，暴雨席卷了农作物、房屋、人和基础设施。除此之外，5级飓风娅希［最高风速达87米/秒（305千米/时）。——译者］给澳大利亚东北部地区造成了自人类定居以来最严重的破坏，尽管沿海居民非常幸运，因风暴到达时恰值低潮。与海洋变暖会将更多的水分带入大气层的想法相符合的是，欧洲和北美连续两个冬季都见识了特大暴雪。我们常常看见，人们说到"百年不遇的天灾"时，往往谈灾色变，但是所有迹象无不表明，往后的日子里，"百年不遇"这个形容词将变得苍白无用。

如果要管理越来越高的环境温度，我们唯一能希望改变情势的地方，就是控制所谓"温室气体"的影响。瑞典化学家阿列纽斯（Svante Arrhenius）在1896年指出："如果碳酸以几何级数增加，温度的升高将几乎以算术级数增加。"这里说的碳酸，指的是二氧化碳［（CO_2），尽管其他气体，如一氧化二氮（N_2O）和甲烷（CH_4）也很重要）］。他的初步计算表明，大气中二氧化碳水平的加倍将导致全球平均温度升高5~6 ℃，但后来他将此数值调低至2 ℃。

在塔斯马尼亚州遥远的格里姆角（Cape Grim）站点测得的大气二氧化碳水平，已从1975年的330 ppm上升到2010年的385 ppm，即每年增长1.6 ppm。这个数字随风、林区大火等而变化，但现在最干净的日子，就相当于当年最肮脏的日子。在北半球，夏威夷的莫纳罗阿天文台测得的CO_2年度增量，是从1974 — 1975年的1.10 ppm增加到2008 — 2009年的1.96 ppm。

目前，绝大多数工作活跃、经常发表成果的气候科学家都坚持认为，大气中不断增加的CO_2含量是危险的。我尚未读过哪怕一位认真的研究人员，包括几位持怀疑态度的活跃气候科学家，最近曾提出研究报告或讨论论文，从根本上否定阿列纽斯提出的在温室气体累积与全球温度之间的联系。推翻阿列纽斯将需要我们重写物理学定律。

温室气体捕获来自太阳的热量，成功阻止了我们星球的表面变成冰坨。当然，大气中的二氧化碳对于植物的光合作用也至关重要。这么说，二氧化碳是为食物链上所有脊椎动物提供燃料的基础。问题在于，当我们提取并燃烧3亿多年前沉积在地层中的化石燃料时，我们已经（并正在）将过量的CO_2排放到大气中。远北地区快速融化的永久冻土层中甲烷含量的不断增加也是造成这一问题的原因。在冻原上，只要准备下一盒火柴，就不必担心挨冻了。正如丹·米勒（Dan Miller）在Youtube上展示的那样，在西伯利亚，找个湖，在冰上戳个洞，立马可以放出甲烷，产生稳定而温暖的火焰。

基于从"低"情景到"高"情景的计算机建模，2007年，由300多个国家和地区的代表联合签署了一个非常保守的报告，报告标题为"政府间气候变化专门委员会（IPCC）向政策制定者提交的综合报告"。其中预测，全球平均温度在21世纪内将升高1.8 ℃ ~ 4.0 ℃。根据气候科学领域最活跃的一些研究人员预计，每10年至少上升0.2 ℃。

任何人都可以在线查看来自各种负责机构的"气候状况"报告，这些机构中就包括澳大利亚气象局和美国国家海洋与大气管理局（NOAA）。根据NOAA的资料，尽管一段时间内，由于澳大利亚的拉尼娜（La Nina）现象导致全球气温略低，但到2010年，地球陆地和海洋的平均温度仍与2005年（2005年是1880年以来最热的年份）的温度持平；从1880年起，NOAA的国家气候数据中心便开始使用标准化仪器进行准确的测量。不可避免的现实是，包括鸟类在内的所有生命形式，都将不得不应对日益频繁的极端高温来袭的压力。

显然，许多鸟类生活在热带地区，其他鸟类生活在冰帽或附近地区，还有一些鸟类（如北极燕鸥）则在南北两极之间漫游。因此，特定种类已做出适应，能够应付环境温度的大幅度变化。夏天越过撒哈拉沙漠的候鸟，往往会趁夜间飞行而白天休息。帝企鹅拥有隔热用的厚重脂肪，并且具有发达的保暖机制，可以最大程度减少热量散失。因此，当珊瑚海的海水变暖时，它们会觉得略有不适，在北极的隆冬里，放置在露天的巨嘴鸟则可以活得像地狱里的雪片一样长久。然而，尽管从任何意义上来说巨嘴鸟的寿命都比帝企鹅更长，但两种鸟的体温都保持在38 ℃～39 ℃的正常范围内。

在一个变暖的世界中，生活在正常本地环境中的巨嘴鸟，它的问题将是如何保持凉爽。每个人都熟悉巨嘴鸟那典型的橙色巨喙。所有巨嘴鸟中，体型最大的是巨嘴鵎鵼（toco toucan），它的喙与身体的比例也是所有鸟类中最大的。不像您可能猜想的那样，这个大嘴巴与吸引异性、进食或防御都没有关系，因为，巨嘴鸟的喙主要起散热器的作用。巨嘴鸟的喙部有功能强大的浅层血管网络。它们保持凉爽或节省热量的方法，是控制流过喙部的血流量。我们也这样做，只不过用的是皮肤而不是喙。人类还有专门的汗腺。

鸟类不会出汗，但是它们会通过裸露的脸，腿，脚和（在某些物种中）头部的无羽毛斑块散发相当多的热量；伸出翅膀可以增强大片皮肤上的空气流通，这些皮肤由小血管充分供血。不同的鸟种，羽毛的排列方式也不同。所谓排列方式，既有羽毛之间的相对位置关系，又有羽毛和身体的相对位置关系。复杂的羽毛排列有利于保温或隔热。白色、反光的尾巴可以转向太阳，尽管这种策略可能只在平静无风的日子里有效。

但是深色鸟呢？生活在热带地区的人都知道，黑色的轿车里那可是真热！那么，在吸热方面，举例来说，难道黑色凤头鹦鹉与白色凤头鹦鹉相比，没有明显的劣势吗？然而，鸟类不全是一坨不动的固体。只消每小时3千米的风速，事态就会逆转。这时，当环境温度较高时，黑色鸟也就更容易散热，水分蒸发的冷却效果也随风而至。黑色羽毛有利于皮肤和羽毛之间的空气对流，从而更好地散发热量。贝都因族的女人也是一样，穿黑色衣服有利于体表、内衣和长袍之间的空气对流。情况不同，其理一也。

尽管与我们相比，鸟类裸露的皮肤表层（角质层，stratum corneum）的鳞屑化（角质化）更多，但鸟类仍然可以通过蒸腾作用散发约50%的体内水分。生活在极热地方的物种，例如撒哈拉沙漠中的麻雀和热带食蚁鸟，显然已做出了适应性变化，将自己的角质层脂肪酸排列得有利于将血液和组织液中的水分输送到皮肤表面。这种脂质对应策略使我不禁纳闷儿，那些在不同环境之间迁移的禽类，不知在多大程度上改变了正常的生化机制，以应对生存条件的变化。我们都看到过鸟类在池塘、浴缸或水坑中扑溅的场景，那是在通过促进羽毛和皮肤上水分的蒸发来加快散热。饱沾水分的亲鸟飞回巢穴时，这种"腹部浸湿"操作也可以让幼雏凉爽下来。

然后，还有那奇妙的风箱式双向鸟肺，能让空气如此之快地流动（见第2章），从而促进了呼吸道黏膜中水分的蒸发。像狗一样，鸟类也会快速喘气。鸟喙大开有助于最高水平的排风。一些物种还使用"鼓喉"策略帮助散热，这是一种"扇风"过程，通过喉部的舌骨－肌肉组织的快速放松和收缩来鼓动舌、咽、喉各部，以利于多血管的口咽部和上呼吸道区域气流通畅。这一操作，其总体效果与出汗基本相同，主题都是：汽化需要热量。比起分散在大气中的水分子，汗液和呼吸道黏液中的水分子相互之间远为紧密。驱散它们要消耗能量（热量）。于是，实现流体到蒸气的转变过程就让身体凉了下来。

但是，在高温条件下，鸟类通常比哺乳动物更容易受到感染。2010年1月上旬，环境温度达到47 ℃～53 ℃，西澳大利亚州南海岸城镇霍普敦（Hopetoun）和芒岭堡（Munglinup）有200多只鸟类，其中包括150只列入濒危物种的卡纳比氏白尾黑鹦鹉（Carnaby's white-tailed black cockatoo）被认为死于热应激。霍普敦离埃斯佩兰斯不算远，但病理学家和化学家们没有发现铅（或任何其他）中毒的证据（如第16章所述）。前一年的1月，科学记者纳勒尔·托维（Narelle Towie）在珀尔思诺（PerthNow）报道时，正当好雨连连、鸟类群集的繁殖季节，出现了45 ℃的高温天气。在澳洲西部卡纳文市以南200千米处的跨海公路生活服务区附近，发现了成千上万未成年虎皮鹦鹉和斑胸草雀（zebra finch）的尸体。

　　这样的事件并不新鲜。早在20世纪30年代，在澳大利亚西部和南部的不同地区就记录了大量与热相关的斑胸草雀死亡。问题是，这种事件会不会成为新常态。环境温度可能达到生理机制无法应付的水平，在缺水的情况下尤其如此。还有一个问题是，孵化中的胚胎对高温特别敏感。环境温度的持续升高以及极端热应激的发作更加频繁，不可避免地会给某些鸟类带来灭种之灾。

　　随着温度的升高，于沙漠地区的小型鸟类而言，若要生存，就需要增加150％～200％的水供应量。到目前为止，总体趋势是地球的干旱地区变得更干，湿润地区变得更湿，北纬地区积雪增多。沙漠地区鸟类的长期前景并不乐观。上一个冰川间期（约12万年前）的化石证据表明，在埃及西南部等地区，禽类的灭绝至为严重；由于季风性变化，那里的降雨量大大减少，而且还是永久性地减少。

　　说到鸟类急性热应激问题，我们或可不必担心，因将有资金雄厚的强大研究项目对不止一个物种进行研究。这是因为，环境温度过高将损害价值数百万美元的鸡，火鸡，鹌鹑等禽类商品蛋和肉的生产。然而，那些被关在笼里和棚里的禽类并没有享受到空调设备，因装空调意味着一笔不小的费用。而且，除非我们开发可行的太阳能冷却系统，否则，装空调又将是二氧化碳排放的重要来源。查阅科学文献我们可以看到，研究者已经做了一些工作，包括分析经常暴露在"热"条件下的家禽其血液中的皮质类固醇水平、热休克蛋白和其他应急指标。例如，已经发现，受到热影响的禽类中，生殖激素水平有可测量的变化，这可能会导致产卵减少；而且免疫力也可能受到损害，从而增加了鸟类对各种感染的易感性。

人为气候变化对野生鸟类有何影响呢？稍加思考就不难发现，提出这类"鸟"问题，还不如就"胎盘哺乳动物"提出同样的问题来得有用。假使我们对当下问题应对不善，我们将造成一定程度的脊椎动物灾难。比如说，假如破坏了所有那些循环利用大量二氧化碳以产生氧气的藻类和浮游植物，环境温度将逐渐升高，这将对禽类造成严重影响。这些影响对熊，獾和水牛来说也完全一样。

鸟类貌似比陆生哺乳动物更具适应性，因它们不需要完整的冰块或陆地"走廊"。但是，某些鸟类不愿或不能穿越河流，道路，山脉和城市发展之"岛"。其他种类则适应于不断缩小的生态位，比如凉爽的山顶，然后基本就被困在那里。然后还有那些"宅"鸟，比如在澳大利亚和非洲相对温暖的气候中的许多鸟类，它们已经不习惯四处走动。由于它们的支持性生境可能极其分散，大多分布在这些大陆的干旱地区，因此，人们对这些物种的长期前景非常关切。

其他物种则更具流动性。美国内政部于2010年发布的《鸟类状况》报告生动可读，总结了引人注目、且仍在不断积累的证据，这些证据表明，北半球的许多鸟类都改变了其在冬季的活动范围。该报告指出：

> 尽管已知许多因素会导致鸟类活动范围的变化，但全

诞季节鸟类数量（CBC）的结果表明，近几十年来的冬季
变暖在将冬季鸟类范围向北转移方面发挥了重要作用。20
世纪60年代中期至2006年的CBC数据显示，在305个分布
最广、最规律、最常见的物种中，有170个（占比56%）已
将其范围向北移动了，而只有71个物种（占23%）已向南
移动，只有64个物种（21%）没有明显向北或向南移动。

上述北美的情况也在一系列欧洲研究中得到补充说明。例如，基
于过去20年中积累的数据，文森特・德维克托（Vincent Devictor）及
其团队得出的结论是，尽管许多鸟类正在远离赤道，但远离的速度可
能还不够快。据他们记录，这些鸟的平均范围变化为北移91千米，温
度变化则是北移273千米。雀形目物种黑头莺（blackcap）的习性是
夏季在古北极繁殖，然后南迁越冬。弗朗西斯科・普利多（Francisco
Pulido）和彼得・伯特霍尔德（Peter Berthold）发现，黑头莺的越冬
营地愈来愈靠近其繁殖地。他们推测，这可能很快会在该物种的遗传
特征中有所反映，因多年来已经有数据显示，迁徙距离较短的德国南
部黑头莺，现在大有主导该物种之势。这种"适应性进化"在一定程
度上可能是"选择劣势"原理所致：未成年黑头莺因过早地尝试迁徙
而惨遭淘汰。

正如钱伯斯和她的同事们在《鸻鹬》杂志上所指出的那样，南半
球的许多物种，其偏爱的栖息地似乎不约而同地都在朝着极地移动。
30年前，在墨尔本及其周边地区从未见过羽冠鸽，而今，羽冠鸽在城
市中已是司空见惯，这一转变反映了其向着高纬度地区的稳步发展。
在西澳大利亚州，各种鸟类正逐渐将其活动范围转移到该州西南偏凉

偏湿的一隅。全球持续变暖的另一个影响是，迁徙物种的到达和离开时间正在改变。悉尼科学家琳达·博蒙特（Linda Beaumont）和她的同事们在查阅已刊文献、鸟类观察站的报告和观鸟者的个人观察报告后，总结了澳大利亚东南部超过20个物种的南迁数据，得出结论说，平均到达时间每十年提前3.5天，同时每十年的出发时间又延迟5.1天；当然，不同物种的迁徙模式也有所不同。

一个令人担忧的问题是：全球气温升高将导致鸟类迁徙的时机与春季食物供应量的增长（有利于成功生殖）之间出现脱节。马塞尔·维瑟（Marcel Visser）和他的同事从荷兰格罗宁根（Groningen）传来研究报告，描述了花斑霸鹟（pied flycatchers）的生存如何在1987年至2003年期间受到极大损害，那些年里，春天提早到来，导致它们的迁徙时机与它们喂养雏鸟所需的毛毛虫供应失去谐调。鸟类仍按原定计划到达，但是，在有些地区，毛毛虫数量过早达到峰值，那里的鸟群头口直接下降了90%，相比之下，那些食物-繁殖关系保持和谐的种群只损失了10%。这是毛毛虫的福音，它们可以更多地羽化成虫，但对鸟类是糟糕的消息。就像任何环境快速变化的情况一样，其中可能存在赢家和输家，这真是"几家欢乐几家愁"。

还有其他性质的证据表明温度变化对鸟类有直接影响。例如，我搜索文献，找到有关北半球和南半球的一些情况报道，说部分鸟类体型正在变小。早在1847年，德国生物学家克里斯蒂安·伯格曼（Christian Bergmann）就已提出，在其他条件相同的情况下，较低的环境温度将导致恒温动物（鸟类和哺乳动物）体格增大，因单位体重与热量损失成反比；反之亦然，气候变暖，动物体格也相应变小。

　　为研究过去一个世纪中、伯格曼提出的原理可能会如何发挥作用，珍妮特·加德纳（Janet Gardner）和她来自澳大利亚国立大学的同事研究了澳大利亚东南部的8种雀形目物种。他们发现，8个物种都有一致的趋势，而其中的4种，体量和翼展都显著减小（翼长下降1.8%～3.6%）。这是一些不爱活动的中小型食虫鸟，数目在全球范围内正在下降。该小组从澳大利亚博物馆收藏的鸟皮中获得了100年前的数据（参见第17章）。同样，像树木的年轮一样，羽毛色带的尺寸直接反映了营养状况。在有关100年间或更长时间段体量与气候相关性的研究中，仍然存在食物供应差别等其他干扰因素，因而，他们还将所谓"皮肤"里面的"带宽"数据综合考量，以期作出正确的评估。（此处，皮肤和带宽两个词原文均加了引号，但作用不同。皮肤加引号，意思是那也算是皮肤？带宽加引号，则是隐喻。皮肤何尝有带宽。但也包含其他资讯，相当于羽毛上的色带宽度吧。译者无能，只好借助解释了。—— 译者）

　　我在鸟类物候方面完全是门外汉，但是，我意识到，这是一个日益重要、严格和高度专业化的研究领域。总的印象是，到目前为止，该学科的发现令人担忧。毫无疑问，许多鸟类正在改变其栖息地范围或迁徙时间，亦或两者兼而有之。像一切与人为气候变化有关的事物一样，其影响是复杂而多样的。单是热应激就会造成一些负面后果，影响到鸟只、鸟卵和繁殖方式。其他问题，或由栖息地退化、食物供应减少或供应方式迅速变化所引起。昆虫分布和总体可利用性的变化必然是因素之一。举例而言，极端干燥的天气将导致蚊子的减少，影响到食蚊鸟类的食物供应，而环境温度升高会使这些携带疾病的媒介进一步向比较凉爽的山上移动（如第11章所述），凡此种种，不一而足。

　　大气和海水中CO_2含量的上升，也将对某些鸟类产生负面影响，因为其变化不直接依赖于阿列纽斯的温室效应。周围CO_2浓度的增加会导致植物多产生毒素而少产生蛋白质。毒素不失为一种虫害控制措施，但对食虫鸟不是很妙。海洋吸收更多的二氧化碳会导致逐步酸化，最终会损害贝壳的质量，进而损害贻贝、海螺等软体动物的生存能力，进而影响到食物链上端的海鸟。我们在海滩漫步时，常常能看到太平洋大海鸥将贻贝带入空中，然后张开嘴，把自己的"预包装午餐"在下面裸露的岩石上摔碎。

　　然后，海洋酸化［（H_2O和CO_2合并为H_2CO_3（碳酸））］也会影响到珊瑚本身和珊瑚礁为其他海洋生物提供的丰富环境。海洋生物学家普遍认为，除了产生碳酸、破坏钙化的作用，海洋温度升高2 ℃还会导致珊瑚白化，导致珊瑚礁大量流失。任何影响珊瑚、鱼类和沿海海洋生物生存能力的因素，显然都可能对海鸟的食物供应产生负面影响。在如此多的方面，由于我们未能限制二氧化碳的排放，导致对养育了鸟类并最终养育了我们的生命之网的损害不断增加。人类面临的问题，还有比这更要紧的吗？

第19章
为鸟类，为我们

生命之网维持着我们，满足着我们，同时也越来越需要我们的照顾和关注。人类既然栖居在这样一个拥有非同寻常物种多样性的自然世界中，就理当承担起管理义务。如果拒绝承担这项义务，那么，从每个可能的方面来看，人类都将损失很多乃至一切。没有任何鸟类或哺乳动物能获得一张继续生存的保票，即使是那些像鸽子、燕子和八哥一样看起来完全司空见惯的动物，也是如此。

人类数量不断增长。维持他的需求，不可避免的结果是用于支持其他复杂生命形式的资源不断减少。砍伐森林，在有所出产的土地系统上铺路建房，排干蓄水层和湿地，及将越来越多的累积毒素投放到水、土壤和大气中，这些都不是走向光明未来的节奏。也许，对我们的最大挑战，是在不引起战争、饥饿和疾病恶魔的情况下，实现对人口规模的富有同情心的控制。这需要让"全球公平"和"减少消费"这一对彼此联系的观念更加广泛地深入人心。

我们在日常生活中遇到的胎盘脊椎动物，通常是些驯化的物种，依赖我们的照顾（例如狗和猫），或受到我们的剥削（例如牛和羊）。我们经常花大钱远出，到自然栖息地中观赏狮子、大象、鲸鱼和树袋熊。观看陆地哺乳动物这种经历，似乎越来越多地局限于在有武装巡逻的保护区内进行的旅游。但是，即使我们这些生活在人口最稠密的城市景观中的人，每次走上街道并仰望天空，或者打开窗户往外凝视，都可以看到和听到野生鸟类的身姿和声音。

和我们一样，鸟类也是温血脊椎动物。和我们不同的是，它们直接生活在自然界中，或活在自然界中我们选择放弃的部分。通过观鸟，我们可以知道在更广阔的环境中正在发生什么。我们可得看仔细些。长远看来，它们的命运很可能就是我们的命运。自17世纪甚至更早以来，静物画家有时会在画面的一角画一只死鸟，比如说一只麻雀吧，作为"死的提醒"（memento mori），尽管画面主要描绘的，不妨是富丽堂皇的花瓶里插满色彩艳丽的花朵，或者是一张铺陈华丽的桌子。然而，我们目前的生活方式是超过了"奢侈"的。

北美旅鸽已经被猎杀到灭绝，然而，根据所有记载，它们曾经是世界上数量最为丰沛的鸟种。在欧洲人殖民时期，这些候鸟在加拿大的中西部和东部各州以及美国各地如此之多，多到总估计头口为3亿至50亿。据约翰·詹姆斯·奥杜邦的说法，巨大的鸽群在经过头顶时，可能使天空变黑数小时甚至数天之久。但是，旅鸽能做成好吃的美味，而且它们是一种社会性物种，喜欢结成拥挤不堪的大群，以数量求安全，所以特别容易受到终极智能掠食者"智人"的攻击。因为它们在庞大的"殖民地"中集中筑巢，所以很容易被大量网捕，或者用浸了酒精的谷物使它们变呆，从而不费一枪一弹也可以杀死它们。将圈养的鸟绑在栖木上，缝合眼睛，而由其拍打着翅膀，可以召唤来成千上万的同类。于是，那只可怜而悲伤的"囮子"鸽就完成了自己的任务,然后,"收获"开始了。

就像北半球的大海雀(1844年灭绝)和澳大利亚的天堂鹦鹉
(1927年灭绝)一样,旅鸽(1914年灭绝)我们也是再也看不到了。要
想看到,除非看视频或文献图片,或者去博物馆看标本。一些爱心公
民知道了正在发生的事情,试图保护它们。美国的某些州通过了立法,
但法律不但软弱,而且没得到贯彻执行。显然,美国人普遍认为,由
于数目众多,旅鸽会一直存在下去。

结果,无度的捕杀,无疑还有森林砍伐和疾病感染等原因,这个
物种终于消亡。追问"是谁杀死了最后一只旅鸽?"很可能是一个经
典的"错误问题"。肆无忌惮的狩猎可能使它们的数量减少到一定程
度,从而再也无法忍受狐狸、狼和涉及自然条件的各种挑战所造成的
损失。圈养繁殖计划宣告无效。待到人们普遍认识到它受到了威胁,
却已经无力回天,无法挽救旅鸽于灭绝。

但是,近一百年来,旅鸽的遭遇已不是多大的秘密。美国小说家
詹姆斯·费尼莫尔·库珀(James Fenimore Cooper)在1823年出版
的小说《拓荒者》(The Pioneers)中描述了对旅鸽的屠杀。从那以后,
它们就开始在歌曲、科幻小说、电影如《星际迷航》(Star Trek)和诗
歌中崭露头角。热情奔放的澳大利亚环保主义者和诗人朱迪思·赖
特(Judith Wright)生于1915年,也就是最后一羽旅鸽在辛辛那提动
物园死亡后的翌年。她在自己的诗集《鸟儿》(Birds)中发表了名诗
"哀旅鸽"(Lament for Passenger Pigeons)。

鸟类为人类的食品供应做出了贡献。至少在西方国家，袋装鸡肉和免烤火鸡已大大取代了野生动物的角色。除此之外，鸟类对我们的直接吸引力还是美学上的。在奥杜邦的画作中，旅鸽是一种美丽动人的鸟，尤其是雄性，更是彩虹一般，胸部作玫瑰红色，翅膀则闪着淡蓝的亮泽。

尽管我们再也看不到奥杜邦所描述的那些庞大的鸽群了，然而，我们毕竟还有幸看到别的鸟群。有什么景象比高天的雁阵，比列队的鹤群，比大队鹈鹕或玫瑰凤头鹦鹉全速飞行更令人心花怒放？在掠食与猎物的关系中，有什么情景比得上大鹰出猎所具有的象征意义呢？且看它如何从浮冰上一跃而起，稍作盘旋，然后，一猛子扎进冰冷的海水，拎出猎物；又有什么场面比一只鸬鹚从半空倏然坠落、垂直地扎入海中更具戏剧性呢？

当然了，说起人类构撰的艺术品，再也没有什么比芭蕾舞更能表现出鸟的精魂了。就算对舞蹈至不感兴趣的人，也都会熟悉柴可夫斯基的一曲《天鹅湖》（1876年）是何等优雅，而斯特拉文斯基的《火鸟》组曲（1910年）又何等令人迷幻。

围绕鸟类主题创作表演的传统仍在继续。当我在剑桥举行晚间研讨会时，一个朋友约我与研究鸟类行为的尼古拉·克莱顿 [（Nicola Clayton，FRS（英国皇家学会会员）]教授共进午餐。我当然乐往：我以前还从未见过鸟类心理学家呐。尼基（尼古拉的昵称）身材苗条，风姿绰约，看起来很年轻。她给我讲述了她对鸦科鸟类食物贮存行为的研究。同样令人着迷的是我们的餐后谈话。话题拉开，她向我介绍了她的"其他"职业生活。尼基·克莱顿除了是顶尖科学家，还是伦敦兰伯特（Rambert）舞蹈团的舞者、编舞和科学顾问。最近跟该公司艺术总监马克·鲍德温（Mark Baldwin）合作，创编了一台新的舞蹈节目，以庆祝达尔文的《物种起源》出版150周年。用她自己的话说：

> 《变的喜剧》（*The Comedy of Change*）是个跨学科合作项目，在项目中，我把自己的进化论知识和动物行为知识，同我对鸦科鸟类（乌鸦和松鸦）认知能力的研究以及我自己对舞蹈的热情结合了起来。这些聪明鸟类的炫耀展示和豪华舞蹈一直让我着迷，但这次创作机会激发我以新的方式理解它们。

美学和科学以多种方式融合在一起。当然，最容易普及的方式还要数视频和照片，无论是宏观世界的，还是微观世界的，都可以做得非常壮观，所以，这也是普及科学思想的最佳方式。动感增加了图片的感染力。最简单的生命形式也会向食物移动，比如通过感应化学梯度，这就是我们的白细胞找到其"目标"的方式；而无眼的兵蚁也借此得以捍卫自己的巢穴。跳舞需要大脑来协调

尼基·克莱顿（Nicky Clayton）和她的白嘴鸦。

中枢神经系统。尼基的两部分职业生涯也是在这里合二为一。作为科学家，她分析了鸟类的思维过程和记忆；作为艺术家，她又将这种理解转化为影响我们意识的运动方式。

尼基集中着眼于鸟类在怎样的程度上具有预见力，她指出，由于我们无法直接向鸟类或小孩子提问，因此，我们从鸟类实验中学到的知识也有助于我们理解人类的意识。从那以后，我陆续阅读了她的一些已刊作品，知道她的研究路子相当开阔。这是后话。那天下午她为我概述的研究报告涉及西部灌丛松鸦的食物贮存行为。有些长途旅行者（例如北极燕鸥、矍鸟和红鹳）为确保食物供应的连续性，就要通过迁移来保证自己所到的地区总是春季、夏季或秋季。但那些停留在凉爽或温暖地带的物种，必须存储足够的卡路里才能让自己度过寒冷的非生长季节。当食物充足时，一只鸦科鸟类显然可以隐藏多达3万宗食物，而到了严酷的冬季，还能一一找到它们。下一回，当您想不起来把车钥匙放在哪里时，不要再说自己是"什么鸟脑子"。至少就记忆而言，有些鸟类的脑子显然比我们更好。

这种贮存行为表明，鸟类可表现出一定的远见。然而，这究竟是一种先天的本能，还是反映了明智的决策过程呢？尼基做了个经典实验：将几只松鸦放在彼此邻近的笼子里，每只鸟都知道其他同类就在附近，因它们总是可以听到彼此。但是，在试验场地的笼子之间装置一道槅扇，让部分受试鸟只彼此间没有目视接触的可能性，"控制组"的鸟只则彼此既能看到，又能听到。给所有受试者一份谷物、一盘沙子和一盘小卵石。结果，那些只能听到"邻居"的鸟只会选择将食物悄悄地埋在柔软的沙子里。另一方面，处于邻居视线范围内的控制组鸟只却选择了卵石托盘。鸟儿们似乎知道日后会有小偷光顾，也知道它们来偷时，扒开卵石时会发出声响，提供警报。显然，藏食的鸟儿做出了有意识的决定：它们在"静默"埋藏处与"警报"埋藏处之间做出了选择。在这种行为中，是否还隐含着进一步的认识，即当食物随后变得稀缺时，会有当时的"旁观者"回到此地，找到藏食之处呢？

尼基·克莱顿不是惟一一个将艺术与科学对接的人，在这两个截然不同的创意领域中同时获得专业地位的人，却是凤毛麟角。许多人从鸟类身上获得了极大的愉悦和审美上的满足。有些人通过摄影、油画或水彩画，或通过创作传统音乐或电子音乐将其转化为艺术。还有诗人。画家兼诗人米歇琳·摩根（Micheline Morgan）有这样一首诗，借此可约略窥见关于鸟类的意识如何影响了我们的自我意识：

> 在梦里
> 我发现自己
> ——因为我在床上
> 肚贴床，脸朝下躺着——
> 胳膊腿伸张
> 在空中飘荡
> 毫不费力
> 在树线上方轻轻滑行
> 时或来到树线的下方
> 直到醒来
> 起床

懵懵地

不明白自己

为什么再也不能

自由飞翔

像鸟一样,我们也能跳舞。但是,若没有机器的帮助,我们只能在想象中飞翔！绘画,音乐和诗歌都可以帮助人类精神摆脱那些决定我们太多生活的常规和义务。

伟大的科学既涉及创造力、洞察力和开阔的视野,也涉及测量和理性。从尼基·克莱顿的深远探索到关于家鸡啄食顺序的研究,从马尔波齐对鸡胚胎的解剖,到罗纳德·罗斯对疟疾机理的阐明,再到巴斯德首次有意识地从事减毒疫苗的开发,都没有离开过关于鸟类生活方式所作的系统而富有想象力的研究。这些研究已告诉我们许多许多,并继续提供着循证的启示。除了对科学和美学的贡献外,鸟类还可以做很多其他事情,裨益着我们的福祉和我们共同的生态系统的健康。

在第1章和第15章中,我们讨论了鹰和秃鹰如何进行卫生服务:清除尸体的软组织。鸽子清理了我们城市的食物残渣,食虫鸟则将无脊椎动物的种类保持在一定程度的控制之下。鸟类给植物授粉并搬运种子 —— 其羽毛和胃肠道可以携带这些东西。海鸟将营养物质从海洋带到陆地。曾在自家院里院外跟澳大利亚灌丛火鸡朝夕相处过的人都会明白看到,这些鸟在建造巨大巢穴的过程中,会搬动多大体量的泥土并加以晾晒。像牛椋鸟这样的鸟类会从水牛、河马和犀牛的背上取食扁虱和其他寄生虫。我们当中,有谁能想象一个没有鸟类的世界会是什么样吗？

　　作为专业的生物医学研究人员，我在撰写本书的过程中获得了许多新见解，一个见解就是：我认识到，很少有什么东西能将一个未经科学训练的人转变为热情的科学从业者，而对鸟的爱就能做到这个。每一位尽职调查并仔细、系统地进行观察的敬业观鸟者和作标记者都在充当着科学家的角色，并承担着理解、保护自然世界，并赋予其意义的科学义务。那些试图记录并解释栖息地退化和人为气候变化等对鸟类生存和迁徙模式的影响的专业人员，如果没有这些爱心专注的业余爱好者的种种活动，他们将没有什么数据可供分析研究。所以我建议，如果您觉着无聊，又喜欢户外活动，而不知道周末或退休后做点什么，请您买一副优质的双筒望远镜，加入澳大利亚鸟类保护组织、英国皇家鸟类保护协会、英国鸟类学信托基金会、美国鸟类协会、奥杜邦协会等组织的当地分会，从而行动起来。

　　那些记录鸟类数量和活动的人的确参与了严肃的全球科学。由康奈尔大学鸟类学实验室的史蒂夫·凯林（Steve Kelling）管理的 eBird 项目，到 2010 年，已经将超过 4800 万个这样的观测结果馈入了美国国家科学基金会的 TeraGrid 超级计算网络，然后，根据来自 NASA（美国国家航空航天局）的 Terra 和 Aqua 卫星的信息对 eBird 数据进行分析，这些卫星记录了例如森林覆盖的范围和春季的返青情况。从长远来看，对于更好地了解鸟类种群如何受到气候变化和栖息地退化的影响，TeraGrid 数据库将具有不可估量的价值，从而可以识别那些状况恶化甚至灭绝的物种。希望这将有助于动员公众舆论以保护鸟类。

此外，即使我们没有时间或意愿成为观察者，我们每个人也都可以做一些小事情，以使鸟类活得更加安全。在极端热应激的时代迅速蔓延到整个星球时，在自家的花园或公寓阳台上装一个够大的鸟浴盆是不需要花费多大心力的。喂鸟器较具争议性，因它们可能带来疫病传播，故需要定期清洁和消毒。不管是鸟浴盆还是喂鸟器，安装之前，最好先征询当地鸟类组织的建议。它们一直是传播沙门氏菌病和可怕的鹦鹉喙羽疾病的主要焦点，后者是由破坏鸟类免疫系统的环状病毒引起的。

例如，如果仍旧有人将受感染的印度尼西亚或澳大利亚鹦鹉偷运到美国或欧洲，那就怎么也阻止不了鹦鹉喙羽疾病扩大其生态范围。我们在第5章中论及的、最近美国西尼罗河病毒的爆发，就可能与鸟类走私有关。如今，西尼罗河病毒性脑炎已成为北美禽类和人类的常规疾病。无视隔离规定显然使高致病性的H5N1禽流感病毒向亚洲南部转移。同样，非法偷运鸟类一直是传播纽卡斯尔禽疫的一个因素。造成家禽经济损失的罪魁祸首也是野生物种的顽固问题，这种丙型副流感病毒与导致幼儿白喉的病原体密切相关。处理患有纽卡斯尔病鸡的人会染上结膜炎或轻度呼吸道感染。如果您知道或怀疑有人在未经适当批准的情况下在国内或国际间转移鸟类，请通知有关当局。这是危险的犯罪活动。

我们一方面要履行照管之责，并保持对禽类物种状况的认知；另一方面，我们还要保护自然环境，这对于我们自己的生存至关重要。能自由飞行且易于观察的鸟类，仅仅通过活着就替我们采样调查了大气和海洋，采样调查了植物，森林甚至昆虫的生存状态。其中任何一项受到损害，这种影响最可能首先显见于鸟类的数量和健康状况。任何军事指挥官都不会部署了哨兵，然后无视他们发出的报警，也不去照管他们长远的福祉。环境变化将是巨大且不可预测的，作为一种防御策略，我们要多多关注鸟类，并且真心实意为它们着想。

注　释

第1章

003页："企鹅丛书"面向儿童的系列使用了可爱的海雀作为图标……

有趣的是，早在1935年，一家英国出版商就自称为企鹅。真正的企鹅（鸟类而不是书籍）生活在南半球，而海雀仅限于地球的北半部。企鹅的形象之所以缺乏那种狭隘的乡土观念，这可能反映了一个事实，即直到1940年（我出生那年），大英帝国遍布全球。海雀和企鹅从前面看都有黑白相间的特征，而且，海雀虽然站立起来没有企鹅那样舒适，但确实也会直立。但是，这两个物种之间的关系并不密切，海雀和鹈鹕在生物学上差异更大，所以企鹅出版商选择了鹈鹕作为其内容较重的非小说类书籍的象征。这三个物种之间的联系是：它们都是海鸟，且都能产生令人难忘的视觉冲击。

每年从北极迁徙到澳大利亚海岸（我家附近）繁殖的短尾鹱被归类为*Puffinus tenuirostris*，但真正的海雀（puffin）归于*Fratercula*属，而不是*Puffinus*。即便如此，尽管不像短尾鹱和同样会拜访我们海岸线的北极燕鸥那样执着于旅行，但海雀远非宅在家里不动之辈。我们在阿拉斯加期望看到的凤头海雀（the tufted variety），在冬季的几个月中会离海岸更远，一些欧洲海雀则在威尔士和北大西洋之间迁移。

006页：而受害最严重的，还要数它们的亲戚海鸠。

2008年，另一则媒体故事报道了澳大利亚境内鹈鹕死亡或垂死的事件，所描述的情况绝非人类行动所造成。当雨水超大，灌满澳大利亚中部古老湖泊那些巨大（通常完全干涸）的盐池时，生命爆炸，吸引来迁徙的鸟类，尤其是像鹈鹕这样的长途飞行者，在食物来源丰富到令人惊讶程度的区域大肆繁殖和进食。鸟类数目大量增加。但是，随着湖泊和河道再次干涸，那些正在成长的鹈鹕来不及离开就饿坏了，失去了腾飞并飞往更好家园的力量。电视画面太惨烈了，但是，原始的自然环境可能就是这样，远非想象的那样温情脉脉：这种惨剧肯定是一遍又一遍地发生过了。对我们来说，这是一个普遍的教训：这些滞留的鹈鹕的命运，反映了陷于困境的人口超出其粮食供应时会发生什么。

第 2 章

017页：…… 原始的古超级大陆 —— 冈瓦纳大陆的最后解体。
直到大约4500万年前，澳大利亚仍是冈瓦纳大陆的一部分，当时，那无坚不摧的板块构造运动导致塔斯马尼亚岛和南极洲之间的陆桥断裂。据信，南美洲大约在3 000万年前与南极西部分开。净结果是，南极周围的水域不再北引而抵至热带地区。由于更加靠近极地，水域变得凉爽得多。环境温度下降，澳洲大部分地区成了干地；当板块叠合、新几内亚高地因受挤压而上升时，这种效应加剧了，给南部地区造成了雨影（雨量骤减）。当然，澳大利亚仍在移动，遥远的北部逐渐向海底倾斜，南部则缓慢上升，但这个岛屿大陆要到达赤道，应尚在大约2000万年之后。

第 3 章

022页：这个鸡胚胎发育过程特别容易用肉眼跟踪。
等到Patten于1927年晚些时候写到《猪的胚胎学》一书时，我已经基本了解了脊椎动物发育的本质。猪是像我们一样的胎盘哺乳动物，尽管胎盘的性质因物种而异，并且弥散性（猪）和盘状（人类）程度也非常不同。当然，"胎儿培养箱"是特殊的，有的是卵，有的则是子宫。但两者的本质都是供应养分和维持适当温度。除此之外，早期分化和器官发生的基本原理，对于鸡、猪和我们来说无多差异。

023页：那种病是由一种冠状病毒引起的呼吸道感染。
不同类型的人类冠状病毒是普通感冒的许多原因之一，2002 — 2003年的SARS流行则是由以前未知的冠状病毒引起的。该冠状病毒最初来自蝙蝠，然后通过喜马拉雅灵猫（Himalayan civet cats）传给人类。

025页：它们的蓝图或条形码是用核酸序列（RNA或DNA）写成的，这些蓝图，被它们从比如说鸟类带到蚊子再带到人类……
即使像痘病毒和疱疹病毒这样的大型DNA病毒（100～200个基因）也太小了，无法使用传统的光学显微镜（不同于电子显微镜）看到。但是，大小并不代表一切。甲型流感病毒和艾滋病毒的RNA"条形码"分别由8个或9个基因组成，我们都知道这两个基因可能有多危险。与此不同，最小的细菌（支原体）大约有

460个基因。

025页：…… 最显眼的设备就是那一个个大型的工业化孵蛋箱。孵蛋箱木制涂漆，底部有一个用来加湿的水盘，一个大风扇用于空气循环，还有一个加热元件将其保持在37℃ ~ 38 ℃左右。哺乳动物当然是恒温动物，母亲的身体将胎儿保持在适当的温度下，这种繁殖策略将所有责任加于该物种的雌性一身。在这方面，鸟类没有性别歧视，因抱窝的不管是雄性还是雌性，都能给新产的卵保持温暖。工业上和出于科学目的的孵化，都可以通过适当加热的盒子为受精卵提供养护，这通常是鸟类单亲或双亲的角色。但除了在胎儿发育的最后阶段，对任何胎盘哺乳动物，都还没有实现这一目标。

026页：Q热是屠宰场工人感染的一种常见病，现在，由于预防性疫苗的研发，已经得到了最大限度的控制。

与Q热有关的故事，阿德莱德细菌学家巴里·马里翁（Barry Marmion）是这么说的：在我家乡布里斯班工作的医学微生物学家泰德·德里克（Ted Derrick）确诊了这种疾病，并将样本发送给了墨尔本大生物－医学家FM（Mac）Burnet。Burnet与英国移植生物学家PB Medawar分享了1960年诺贝尔医学奖。Burnet分离出那个虫虫，并在贝塞斯达国家卫生研究院（the National Institutes of Health，Bethesda）的美国著名科学家Herald Cox和Rolla Dyer的帮助下，对其进行了分类并命名。Burnet，后来是麦克爵士（Sir Mac），是个非常强势的人。尽管该生物被称为比氏梭菌（*C. burnetii*）乃出于德里克的提议，但从某种意义上说，德里克的贡献可能被低估了。

026页：…… 长成边缘清楚、不断扩张的病毒"菌斑"。

在20世纪上半叶，对后来被确定为"分离细胞生长促进剂"的不同化学"因子"和血清"因子"了解甚少，因此，组织培养的操作有点神神道道。但是，自20世纪50年代和20世纪60年代以来，从事研究能感染脊椎动物的病毒的科学家已经能用哺乳动物细胞或禽类细胞的"草坪"进行这种类型的实验——"草坪"

是在半固态琼脂覆盖下，在塑料培养皿上生长的。比如，对于流感病毒，我们经常使用连续培养的犬细胞系（MDCK，或Madin-Darby犬肾细胞），其培养基是Dulbecco氏基本必需培养基，补以牛胎血清，再添加生长因子和营养素。（Renato Dulbecco因其在癌症方面的工作而获诺奖，但他的名字通常与他为生长细胞培养所开发的透明营养"汤"相联系。）从前，脊椎动物细胞培养乃是一项需要非常干净的环境和非凡无菌技术水平的高度专门化活动；而由于发现了正确的营养素和控制细菌污染的抗生素，一下子变成了任何合格人员都可以循规操作的标准实验室程序。

027页：……就像前述的在细菌培养皿里培养的噬菌体那样。
那是科学的"细绳和牛皮纸"时代，在我开始研究生涯时，那一套仍在运作。比如，当某人在周末忘记检查鸡蛋孵化器、而下周一进入实验室听到孵化的声音时，就可能满盘皆错了。我猜想，就连Burnet或他的技术人员——他们得提前到——都不免有这种经历。大多数年轻的病毒学家对石蜡融化的气味并不熟悉，通常使用本生灯对玻璃瓶的顶部进行火焰消毒，但这种方法对塑料瓶颈效果不佳。我们不那样干，而是戴着有障碍气流的兜帽工作，以防止细菌或真菌的污染。老式实验室的抽屉或橱柜里，或能找到针头、橡皮吸球和牙钻，但今天的大多数科学家都不知道它们的用途。在这个"开箱即用塑料为王"的新时代，我们可能已经失去的一件事是：必须尊重所有人，尤其是那些洗玻璃器皿的"厨房女士"。残留的肥皂或清洁剂真的会毁掉实验。

第 4 章

031页：……从而也保证了英国王室的连续性。
几百年来，许多英国男人和女人（包括亨利八世的六个王后中的两个）[安妮·博林（Anne Boleyn）和凯瑟琳·霍华德（Catherine Howard）]的最后一次短暂旅行（葬礼）是去格林塔。较早的时候，经常有切断的人头被挑在长矛上，与无头的或垂死的尸体一起示众，以警告潜在的民主人士、制造麻烦的人和邪恶的人。乌鸦是杂食鸟类，而且，以鸟类而言，它们非常聪明，住近人类居住区而表现良好。它们是最大的雀形目（栖息）鸟类。在那些往古年代里，它们总会出现在频频使用的绞架或处决人犯的地点附近，自愿担负起清理之责。这项艰巨的任务使乌鸦获得了阴森可怕的名声，最著名的描写是埃德加·艾伦·坡（Edgar Allan Poe）《乌鸦（*Raven*）》一诗中有句云："这种冷酷、可怕、枯瘦而凶恶的昔日之鸟"反复说出一个吓人的词："Nevermore（音：奈我毛儿）（意：永远不再了）"。

实际上，至少在人口密度较低或人们已习惯了相对较浓烈环境臭味的情况下，利用自然（或非自然）死亡过程与空中拾荒者之间的协同作用，不失为处置人类和其他动物遗体的更合于生态之理的方式之一。但是，在现代，履行这种形式的卫生职责也可能会带来不利影响，并给鸟类带来实际风险（见第15章）。

033页：这些可怕的黄热病病原体通过并发出血和肝坏死杀死人类。长期以来，黄热病一直是南北美洲的一大问题，在夏季炎热的时候，最北到达费城和波士顿，但在19世纪90年代美国入侵古巴后，黄热病问题更为突出了。在许多士兵死亡之后，由外科医生沃尔特·里德（Walter Reed）少校领导的小组进行了搁在今天完全不可接受的人类传播研究，并毫无疑问地证明，YFV是由蚊子携带的，这证实了古巴科学家和医生卡洛斯·芬德利（Carlos Findlay）早先的怀疑。里德的医学同事杰西·拉泽尔（Jesse Lazear）因故意将自己暴露给被感染的蚊子而染病死亡。

在Findlay，Lazear，Reed及其同事建立的牢固科学基础上，当局立即通过采取措施限制蚊子繁殖来应对黄热病问题。水池被排干积水或填满；在敞开的水箱上安装水龙头，水嘴加滤网，或者在水上覆盖一层煤油。这也是1904年威廉·高加斯（William Gorgas）上校所采用的方法，当时由总统西奥多·罗斯福领导的美国接管了巴拿马运河的建设。运河早先是法国人开挖的，要接手并完成这一工程，困难之一就是因黄热病和疟疾而导致的工人流失，而这两项卫生防疫工作都可以通过全面的蚊虫控制方案来完成。黄热病的发生为我们对虫媒病毒感染的理解提供了第一个重大突破，尽管鸟类并没有维持YFV（黄热病病毒）或人类疟疾病毒的宿主。

033页：……这一成就得到承认，他得到了1951年诺贝尔奖。

今天，接种YFV疫苗的人仍将获得Theiler疫苗的变体。那些不打预防针在西非闲游的人，肯定不是一般的发疯。当前，世界卫生组织（WHO）报告说，每年20万例的黄热病病例中，有90%发生在非洲，其中约有六分之一的人出现明显的症状而死于感染。这里的问题是经济上的。例如，2000年宣布的千年发展目标（MGD 4）之一，就是向全世界每个儿童提供所有目前可用的疫苗。如果这个目标达到了，将意味着黄热病等疾病的有效终结。

034页：…… 但是，要锁定是哪几个物种难上加难。
通常说来，尽管我们是各种登革热病毒的维持宿主，但对于大多数虫媒病毒，人类感染上它们只是事出偶然。我们中固然有些人会出现严重症状，例如多关节炎或脑膜脑炎（大脑及其周围的膜发炎，神经细胞或神经元受到破坏），但这不过是自然界中病原体生存的偶然条件。在传染病专家提出的许多问题中，有一个问题就是：同样是登革热患者，为什么一个人会死，而另一个人产生了高水平的循环抗体，安然无恙，顶多会轻度头痛。这是否反映了我们基因组成的差异，或者，可能与某些生理效应有关，比如，跟我们在血液中携带病毒时的运动水平有关？发烧是自然界告诉我们放慢脚步的方法之一，因此，如果体温升高，请不要参加马拉松比赛。在确定诸如RRV这样的病原之前，许多感染的特征便是"原因不明的发热（PUOs）"。

第5章

042页：…… 病毒随着某个有了病毒血症的旅客渡过了大西洋。
考虑到当地易感昆虫的存在，虫媒病毒的"飞机旅客传播"随时随地可能发生。例如，珀斯的传染病医生给从亚洲某度假胜地返回的游客做检查，在其血液中检测到基孔肯雅病毒。尽管存在适当的蚊媒，基孔肯雅热迄今尚未实现"突破"在澳大利亚扎根。但我猜这只是个时间问题。

043页：…… 所有库存都已在20世纪70年代初期全部销毁。
即便如此，仍然有先例证明，无论狂热分子和妄想性精神病患者是单独行动还是作为恐怖组织的一部分，他们的活动都难以控制。尽管虫媒病毒无法发挥作用，但2001年，有事情提醒我们，炭疽是生物恐怖分子的一种非常有效的工具：炭疽杆菌通常在土壤中生存，并且对环境破坏具有很高的耐受力。恐怖分子的目的是营造一种恐惧的气氛，因此，他们才不管中招的是谁，比如说，泄漏炭疽菌孢子的信件会不会杀死一个完全无辜的邮政工作人员。在自然界，鸟类感染炭疽的风险较低，尽管有报道称，这种疾病发生在鸵鸟、乌鸦和鸭类中。而且，秃鹰还会在撕食死于炭疽的牛或羚羊的尸体之后，通过胃肠道传播炭疽孢子。

044页：打预防针仍为上策。
兽用疫苗可以相对快速、廉价地制备，但人用疫苗受到严格的安全监管，诸如美国食品药品监督管理局（FDA）等监管机构要求，任何人类疫苗，其生产过程必须受到更审慎的控制，于是会让整个过程无限缓慢而昂贵。还有一个问题：我们是否真的需要这样的产品。虽然WNV确实在美国造成了严重的恐慌，并且从1999年到现在一直在蔓延，但是人类和禽类疾病的发病率似乎都在下降。多年来，肯定有突变发生的迹象，且该病毒的毒性可能正在减弱。迄今为止，全国发生率最高的年份是2003年和2006年，但时间将证明这是否反映出任何真正的下降趋势，抑或仅仅是降雨变化或其他变化，如鸟类栖息地改变和蚊子数量受气候影响的结果。

045页：……至少死亡1100人。
与许多此类感染一样，故意造成的免疫抑制（用于癌症治疗或器官移植）病例和老年人的风险尤高。杀死癌细胞的细胞毒性药物和放射疗法固然会损害我们的免疫系统，即使完全健康的个体，随着岁月的流逝，免疫系统也越来越脆弱无效。在对付新型病原体时，与衰老有关的缺陷会变得尤为明显。与大脑一样，我们的长期免疫"记忆"通常比应对新情况的能力更好些。

第6章

049页：……但那个文化还在，尤其在苏格兰高原地区。
与生物医学家伊恩·弗雷泽（Ian Frazer）偶然的一席话，让我得窥"松鸡瘟"文化的管中之豹。是他推动了用人类乳头瘤病毒疫苗来预防宫颈癌的科学研究（第13章）。在休（Hugh）和我从事绵羊跳跃病研究期间，伊恩还在利用部分暑假在猎场上"打草惊鸟"，赚些零花钱。他是在爱丁堡和阿伯丁长大的，那时年纪很小。早前年，在高高的草丛中列队前行，挥舞旗帜将松鸡从藏身处驱赶出来的工作是农村的穷汉做的。但到了20世纪60年代，这事情很大程度上已经被男学生接管了。近年也有女学生参与。那些青少年住的是原始的"茅屋"——基本上都是18世纪苏格兰佃农曾经住过的——在松鸡猎场上排名最低，远不及负责寻回猎物的金毛犬来得重要。

做了几年之后，伊恩从驱鸟队里得到提拔，做起了独当一面的活路——这需要他携带一只公羊角（继承自一个惯走山路的大姨妈）。这简直就像吹号角的大天使加百列一样啦，但要他警告的并不是什么异象（尽管他警告的后果更直接）：当打草者进入霰弹枪射程之内时，伊恩得吹响羊角作为警告。听到号声，每支枪都调转方向，向后方射击，以避开打草者。站在他们身后的装弹手也需要反应敏捷，跟着调整位置。伊恩回忆说，这些有钱的运动家要么喝得醉醺醺的，要么是宿酒未消。尽管数百只鸟从藏身处轰然飞起，但一帮子猎手统共收获不多于三只两只。毕竟，对这班英国佬，虽然号称狩猎，实际上不过是富豪们的野外社交活动罢了。倘是德国人狩猎，那就会更加清醒、高效和致命（对鸟类而言）。

051页：……尽管两者所满足的消费群体大不相同。

松鸡当晚餐，就像传说中的"雀舌"当早餐一样，可能更多地属于第二次世界大战前英国的"豪门"时代。尽管有印行的"松鸡食谱"，从"吐司奶油松鸡"到"松鸡牡蛎包"，但我还从不记得有哪家餐馆提供品尝松鸡的机会。[（尽管我相信，鲁尔（Rules）野味馆——一家非常老旧的伦敦著名野味馆——曾是诗人约翰·贝吉曼（John Betjeman）的最爱，确曾上过松鸡菜品。）] 松鸡显然是"硬"鸟，最好在凉爽的环境中"悬吊"约两周，然后再下后厨制作。在苏格兰，找到合适的制作场所并不是问题，因那里的环境温度通常太低，于人类固然很不舒适，但温度依然足以让松鸡的身体组织分解——"悬吊"的嫩化效果本质就是如此。结果可能非常"野味"，但并非所有人都喜欢，大多数美国人尤其反感。

第7章

058页：…… 而且它体量很小。

病毒直径是其作为传染实体、通过由伯克菲尔德公司制造的、具有不同微孔径的最优质烧结瓷烛式过滤器 ——"滤烛"的能力来衡量的，该公司依然存在。在过去的日子里，"可过滤"和"病毒"这两个术语像"杜松子酒和滋补品"或"屈臣氏和克里克"一样同来同往。20世纪60年代我开始研究病毒时，仍然在实验室中发现了一些粗糙的圆柱形白色过滤器。现在，我们可以使用合成膜来确定病毒的大小，但仍有许多其他方法可以识别病毒，进行"膜滤"的主要作用则是去除较大的污染微生物，这些微生物会破坏用于病毒分离的组织培养物。例如，通过验尸获得的样品可能不是很干净。

059页：…… 唯一的遗憾是没给那头白鼬竖块纪念碑。

这个小故事还揭示了为什么20世纪30年代的病毒学家接受了Goodpasture，Woodruff和Burnet开发的雏鸡胚胎接种技术。在进化过程中的某个地方，出现了没有牙齿的鸟类。正如埃米尔·佐拉（Emile Zola）提醒我们的那样，猪会咬人，且能杀人。您是否尝试过拎起一只易怒的白鼬？鹦鹉和猛禽也应谨慎对待，但从来没有人被任何形式的鸡 —— 尤其是胚胎鸡 —— 咬伤到骨头。与愤怒的哺乳动物或野鸟相比，受精的鸡蛋更清洁，更便宜，更易于养育和处理。通常，科学随着更方便、更灵敏的方法和分析系统的应用不断发展。这一过程方兴未艾。

060页：…… 是1951年由玛格丽特·埃德尼［Margaret Edney，后来成为玛格丽特·萨宾（Sabine）］发现的。其时玛格丽特还很年轻，在伯内特的实验室工作。

玛格丽特·萨宾（Margaret Sabine）后来从人类病毒学转向兽医病毒学，并在悉尼大学任教多年，是那里广受喜爱的老师。她的已刊研究论文，有"猫口爪疫""猎豹中的猫细小核糖核核酸病毒（类脊髓灰质炎）感染""马疱疹病毒I疫苗的研发方向"和"鹦鹉喙-羽病的实验室诊断"等，后者是血凝和血凝抑制（HI）

引起的。

061页：该技术很快就成了世界各地研究性实验室与诊断性实验室的常规技术。

伯内特显然相信，如果他击败赫斯特（Hirst）而先行发现HI，瑞典人可能会因他的流感实验而早些时候（1960年之前）给他诺贝尔奖。科学既友好又具竞争性，即使那时参与竞争的人少得多，亦是如此。

061页：……所以这个实验很容易做，也很灵验。

与科学中的任何技术一样，这里也存在一些潜在的困难。一个困难是，某些血清样品中还含有可以模拟特异性HI抗体作用的非特异性抑制剂。但可以通过用另一种称为霍乱弧菌的蛋白（称为受体破坏酶）进行事先处理将其去除。

062页：……而通过读取血清抗体滴定度就能讲出其中的部分。

流感表面H蛋白的正常功能是结合易感呼吸道上皮表面的唾液酸（一种糖），从而启动导致病毒进入细胞内部的过程，然后去除病毒的外壳，以暴露病毒核酸（RNA）信息模板。这样就启动了病毒的生长周期，可以在"生产工厂"中制造更多的病毒，而这些工厂之一可能恰好是我们的肺细胞。在此复制阶段结束时，病毒表面的神经氨酸酶（N）蛋白通过裂解H蛋白与细胞表面唾液酸之间的相互作用使新产生的传染性颗粒脱离。在此繁殖过程中，细胞受到了严重破坏，如果流感病毒颗粒不随其死亡，则必须将其释放，以便最终随咳嗽或打喷嚏排放到周围的大气中。

064页：……现在也用于确认强奸犯的身份和父子关系。

PCR故事在卡里（Kary）妙笔生花的传记《心灵领域中的裸舞》（Dancing Naked in the Mind Field）中讲述，如果您认为所有科学家都是穿白大褂的两脚僵尸，这就是一本很有启发的读物。Kary与另一个朋友，已故的迈克·史密斯（Mike Smith）分享了1993年诺贝尔化学奖，史密斯发现了如何通过定点诱变随意改变基因。Kary的书，封面上显示Mike与冲浪板的造型，因Mike是个深海冲浪家。

第8章　078页：……却将在较冷的几个月里卷土重来。

本章其余部分中有关H5N1病毒的大部分内容均摘自香港大学的颜慧玲（音）、关力（音）和马利克·佩雷斯（Malik Peiris）团队的一篇评论文章，只插了一段有关罗伯·韦伯斯特（Rob Webster）的材料。

078页：……还要归因于"华莱士线"所标志的那道天然屏障。

阿尔弗雷德·罗素·华莱士（Alfred Russell Wallace）是19世纪自然选择说和进化论的共同发现者（与查尔斯·达尔文）。多年来，他通过在东印度群岛捕获昆虫、鸟类和其他野生动植物，将其卖给远在北半球的业余收藏家和博物馆维持生活。我们今天珍视的许多珍贵鸟类收藏，都亏了像华莱士这样勇敢而有韧性的人士的努力。华莱士不仅是捕猎者、殓尸官和商人，他的敏锐知识还使他不仅理解了进化论中至关重要的物种变异性，还让他得以分析了他所遇到的不同生命形式的分布方式。

第9章　082页：……涉及我的两个朋友兼同事，罗伯·韦伯斯特和格雷姆·拉弗（Graeme Laver，愿他安息）……

我在这里叙述的一些内容直接取自Graeme的讣闻。那是罗伯为《皇家学会人物志》撰写的。第一次遇见这两个名角儿，是我刚从爱丁堡的莫顿研究学院回国，到堪培拉的澳大利亚国立大学约翰·科廷医学研究学院（JCSMR）工作时。JCSMR微生物学系最初由弗兰克·芬纳（Frank Fenner）领导，然后由戈登·阿达（Gordon Ada）领导，是国际知名的病毒学研究中心。

086页：最壮观的晶体还是从他们的大堡礁黑诺第燕鸥病毒中的N9型中产生的。

通过处理与单克隆抗体结合的神经氨酸酶共晶体的结构，可以进一步完善该分析，该抗体是要以这种方式定义的两种不同蛋白质之间的最早复合物之一。这些实验还涉及罗伯·韦伯斯特，他沿用我在Wistar Institute的合作者、流感免疫学家沃尔特·格哈德

（Walter Gerhard）那里学到的技术，做成了单抗。

087页：……是制药业的圣杯。
后来的衍生物奥司他韦（特敏福）在商业上取得了更大的成功，
因为它可以口服而不是像乐感清那样通过"喷剂"给药。但是，
还是扎那米韦与病毒的结合更紧密，突变逃逸的机会也更少，于
是成为更有效的药物。Laver，Colman和von Itzstein因乐感清的
开发获得了1996年澳大利亚科学奖。

第 10 章

089页：……而病毒只有通过功能强大的电子显微镜才能看到。
电镜由德国人Ernst Ruska和Max Knoll于1931年共同发明。第一
款实用的仪器是在1938年开发的，但直到20世纪50年代，该
技术才发展到可以看到流感病毒从受感染细胞表面发芽的样子。
Knoll于1969年去世，Ruska分享了1986年诺贝尔物理学奖。如
果您想获得科学荣誉，最好多活些年。罗纳德·罗斯爵士（Sir
Ronald Ross）在20世纪前10年撰写诺贝尔奖讲稿（可在诺贝尔
电子博物馆网站上获得），描述了他如何能够通过巧妙的实验和
光学显微镜相结合来弄清疟原虫的阴谋诡计，但他接着说，没人
能看到引起黄热病的病原体，尽管它已经像疟疾一样被证明是由
蚊子传播。黄热病病毒甚至比流感病毒还要小。

091页：……而不是从虫害的角度出发。
济慈似乎对蟋蟀情有独钟，在他的《秋颂》中提到过，然后在
《蟋蟀和蚱蜢》中再次提到。济慈是个浪漫的人，生活在温和的欧
洲风景中，当然想不到蝗虫会破坏非洲的农作物，并在非洲和澳
大利亚等恶劣的环境中使本就稀少的绿色植物一朝消失。雪莱也
写这类篇什，但写的是较大的飞行生物。他更以鸟诗而闻名：

你好呵，欢乐的精灵！
谁说你仅仅是只飞禽，
你从天堂或天堂近处，
尽情倾吐着你的全心。
随意挥洒，洋洋洒洒，

出口便是艺术的妙音。

我们谁都不会将"致云雀"视为对Alauda arvensis的准确生物学描述，但是，这些词句之非常令人满意也许反映出这样一个事实，即人类已经能从美和精神的角度看待自然世界。这个传统比他们通过双筒望远镜作系统观察要久远得多。直到现在，我们还是更喜欢雪莱笔下的云雀形象，而不是一头带有大量肠道细菌的鸟儿。

091页：……还算是多少了解点科学知识的诗人。
这话不全对，因最近也有像捷克的米洛斯拉夫·霍尔布（Miroslav Holub）这样的科学家诗人，而且我们将在本章稍后读到，疟疾英雄罗纳德·罗斯（Ronald Ross）也曾尝试过拿起诗笔。雪莱，济慈，柯勒律治及其同代人威廉姆·布雷克（William Blake）也许是最后一批能够涵盖科学领域的主要诗人。例如，柯勒律治便认识伟大化学家和矿工安全灯的发明者汉弗莱·戴维（Humphrey Davy）。

095页：……享有广泛的命名权……
罗伯特·科赫（Robert Koch）的助手朱利叶斯·佩特里（Julius Petri）也名垂千古了：皮氏培养皿就是以她的名字命名的。皮氏培养皿是一种圆形的实验室托盘，一半充满琼脂，提供了有利于多种生物生长的固体培养基。诺卡（Nocard）添加了血红蛋白来制作红色的血琼脂托盘，该托盘现在仍在许多诊断微生物学实验室中使用。然后是巧克力琼脂，之所以这样称呼它，是因为加热到56 ℃时，红细胞破裂而呈棕色。巧克力琼脂为一些"大惊小怪"的呼吸道细菌的生长 [（例如细菌性（不是病毒性）流感嗜血杆菌）] 提供了营养需求，人们一时曾认为那是引起流感的原因。如果您觉得这全都是烹饪学，那么您就算"虽不中，亦不远"了。最初的主意是范妮·黑塞（Fanny Hesse）想出来的，她在罗伯特·科赫实验室为丈夫担任技术员，她意识到琼脂在果酱制造中的用途。不过，当时女性没有在生物学实验室获得命名东西的权利，于是也就没有黑氏托盘。

对于那些对生物学历史感兴趣的人来说，一个有趣的经历是参观位于巴黎Rue du Docteur Roux（鲁医生）街25号的巴斯德研究所博物馆。巴斯德（Basteur）曾在当时成为英雄，后来葬于这座建筑物的地下室中。这座建筑物是由感激他的法国人民于1888年为他建造的。在他生命的最后7年里，他和他的家人住在实验室对面走廊上的一间公寓里，那里陈列着许多设备和他一生中所做的一些制备/制取工作。例如，您可以看到一个精美的"天鹅颈"烧瓶的例子，该烧瓶用来反驳当时的观念，即感染是由空气中的某种"生命素（vital principle）"引起的。肉汤煮沸，尽管烧瓶的颈部仍对周围大气开放（但位置低于培养基），但液体仍保持清澈无污染。在桌面上放置一个开顶的果酱罐，重复相同的实验，静置24小时左右，由于空气传播的细菌的生长和其他落入营养汤中的虫虫，您会看到肉汤快速混浊。它很快就会既难看，又难闻，腐败的具体速度依周围环境的不同而有些差异。

095页：…… 但该发现归功于史密斯。

史密斯和萨蒙（Salmon）另有重要发现。经过共同努力，他们确定杀死的肠炎链球菌可用于制造有效的疫苗。如果我们明智的话，在访问任何供水不安全而可能造成伤寒的国家前，就要将类似产品注射到自己的胳臂里。萨蒙还表明，牛结核病可能会传播给人类，这是牛奶要经过巴氏灭菌的主要原因，也是澳大利亚等国发起运动、消除了牛结核病的主要原因。

1891年，跟兽医弗雷德·基尔伯恩（Fred Kilbourne）一起所作的调查促使史密斯确定了牛红水热（bovine redwater）的病因，这是扁虱传播的原生动物，我们现在将其称为巴贝西虫病（Babesia）。我的第一批专业工作之一，是周末"轮班"时捎带着筛查注射了"减毒"巴贝西虫疫苗的牛只的血液涂片。在带有特征性黑点的红细胞数量激增并且牲畜发烧时，立即给予一种药剂进行治疗，这种药剂能杀死那个寄生虫，却使牛只保持牢固的免疫力。在非洲，一种类似的"感染再治疗"方法被用来控制另一种原生动物感染，即牛回肠蠕虫病。或许，这一方法也可以应用于人类疟疾。

098页：…… 随后又将同一寄生虫传播给无病麻雀。

在罗斯的诺贝尔奖演讲中，可以找到他对鸟类所作的漂亮研究的更详细描述，该演讲可从网站轻松访问。除了科学之外，还值得将其视为社会学文献。罗斯列出了他遇到的困难和思想的发展，还传达了激发所有优秀科学家的那种兴奋和不耐烦的感觉。我发现他那时写的东西既有趣又很质朴。

第 11 章

100页：…… 而不会给人类带来直接风险。

当我们将自己局限于纯粹以人类为中心的世界观时，我们会与多少东西失之交臂！我也不例外。尽管从事感染和免疫等广泛领域的研究已有近50年的历史，但我听都没听说过夏威夷的疟疾问题，直到与动物学同事Bob Day偶然对话时才得知一二。

第 12 章

109页：2009年6月1日《纽约客》上的一篇文章对这些事件作了总结。我在圣裘德（St Jude）的同事查克·谢尔（Chuck Sherr）指导我看了吉尔·莱波（Jill Lepore）的精彩文章，谨此致谢。

109页：这是他更为著名的《微生物猎人》的续集。

《微生物猎人》（Microbe Hunters）于1926年首版，目前仍然在版，它是我们这一代大多数年轻科学家的宝书。就是在这本书里，我们首次遇到了巴斯德（Louis Pasteur），科赫（Robert Koch），贝林（Emil von Behring）和史密斯（Theobald Smith）。这本书的准确性乏善可陈，且关于罗纳德·罗斯（Ronald Ross）的一章还曾激怒了它的主人公。罗斯威胁要提起诉讼，导致那一章被作者撤回。但德·克鲁夫（De Kruif）不失为一位有趣的作家，他还讲述了早期的荷兰镜头制造商和科学家安东尼·范·列文虎克（Leeuwenhoek, 1623 — 1724）的故事。列文虎克极大地改进了光学显微镜，并首先描述了一个亚微观"动物世界"，其中包括精子和构成我们自然生物群落之大部的细菌。列文虎克是第一位真正的微生物学家，尽管直到他去世一个多世纪之后，他所看到的独立生活的微生物与传染病之间才建立了联系。

109页：德克鲁夫和辛克莱·刘易斯（Sinclair Lewis）等通俗作家 ……

刘易斯1925年的小说《阿罗史密斯》（Arrowsmith）描述了年轻

的医学家和传染病专家马丁·阿罗史密斯（Martin Arrowsmith）的一生。他来自美国中西部的一个小镇，一路来到著名的麦克古尔克研究所（McGurk Institute）的实验室，当时（和现在）每个人都将其视为洛克菲勒学院的代名词。阿罗史密斯最终成为抗击鼠疫的英雄，那场鼠疫是由耶尔森氏菌（以前为巴斯德氏菌）引起的。该小说获得了1926年的普利策奖。书中还讲到阿罗史密斯如何找到一种针对这种疾病的解决方案，随着近年对抗生素的耐药性的上升，该方法再次被讨论用于细菌感染。阿罗史密斯的治疗方法涉及使用噬菌体，即可以生长并杀死细菌的病毒。原则上听起来不错，但临床产品还有待开发。

109页：人们对于"细菌"的担忧……

近年来，我们生活的环境可能"太干净"了。人们意识到，如果儿童要避免患上哮喘等疾病，他们的生活中需要一些（希望是基本无害的）虫虫。这当然不包括诸如麻疹和百日咳之类的危险疾病。为孩子接种预防严重感染的疫苗非常重要，但一定要让他们在泥土中玩耍一点，不要给他们过多的擦洗。

第 13 章

113页：像圣裘德（St Jude）同事查尔斯·谢尔［Charles（Chuck）Sherr］这样的肿瘤分子生物学家……

Chuck在职业生涯的初期访问过迈克·毕晓普（Mike Bishop）和哈罗德·瓦尔姆斯（Harold Varmus）（我们将在本章稍后见到）的实验室，大受启发。他通过分析由病毒引起的癌症，拿下了几个大型肿瘤研究中的第一项，尽管他的突破更多与猫、而不是与鸡有关。

114页：癌症往往是一种老年病……

尽管儿童受到很多感染并可能发展为各种形式的癌症，但儿科肿瘤相对较少，而且往往限于几类明确定义的类别，其中的潜在遗传原因正在迅速得到阐明。实际上，伦敦帝国癌症研究基金会实验室的梅尔·格雷夫斯（Mel Greaves）一直在收集证据，证明所有孩子被送入幼儿园或日托所时所患的常见感染（如鼻息肉和粗麻疹），可以帮助他们建立仍在发展的免疫系统，这一系统可以抵挡某些形式的白血病。

116页：这项很快被称为肖普氏纤维瘤病毒的发现 ……

多年来，我们已经意识到，Shope 纤维瘤病毒（一种痘病毒）与引起粘液瘤病的病原体密切相关，粘液瘤病是为控制澳大利亚兔瘟而故意引入的致死性感染（1950年）。在欧洲，人们更珍视兔子，于是便使用 Shope 纤维瘤病毒的疫苗接种，作为预防粘液瘤病流行的保护措施。粘液瘤病是故意引入的，当时为的是杀死一位法国著名医生地产上的兔子。尽管相似的病毒可以在野兔、松鼠和一些猴子物种中诱发肿瘤，但是与鸡（禽痘）和人（天花）的经典痘病毒感染相关的可怕疾病并不以癌变为特征。

119页：成纤维细胞技术可产生 ……

对于我这个时代的病毒学家和细胞生物学家来说，这是一种熟悉的研究工具。鸡胚成纤维细胞的制备有些粗糙，其法是：从鸡卵中无菌取出胚胎，推过无菌的皮下注射器，然后将从注射器喷嘴出来的混杂物分散在合适的培养基中，并在平面组织培养瓶或培养皿中孵育（37 ℃）。然后，一些细胞长成单层。暴露于病毒颗粒会导致单个细胞被感染，然后在数小时后释放出大量的子代病毒，这些子代病毒以液相分散时会感染并破坏整个单层细胞。使用倒置显微镜向上看板（物镜在下面，灯在顶部），可以看到的只是透明的塑料和一些漂浮的细胞碎片。但是，在感染后立即添加半软琼脂覆盖层可防止病毒传播，除非通过直接的细胞间接触来实现，从而允许出现清晰、离散的"斑块"；随着病毒代相循环的复制繁衍和由此造成的细胞死亡，这些斑块也在增大。等待一两天，然后计数原本干净无斑的细胞单层中的孔（噬菌斑）可以直接测量输入病毒颗粒的数量。

这些组织培养斑块测定试验，让人们从活体动物系统（如 Goodpasture 和 Burnet 的鸡胚胎）研究中建立了病毒学，并在20世纪中叶处于前沿领域。该方法还可用于克隆病毒和测量中和抗体的效价，可以使用多种细胞类型；但如果能支持目标病毒的生长，雏鸡成纤维细胞特别受欢迎，因受精鸡卵价格便宜且容易获得。研究人员总是缺钱。

121页：两人在1975年与雷纳托·杜尔贝科分享了诺贝尔奖 ……

诺贝尔医学奖每年最多授予三人，像传说的"母鸡生牙"一样稀

缺。该奖项标志着生物科学领域的重大突破，然而我们这里就有
两个人（Peyton Rous 和 Howard Temin）获得此奖，且都靠同一
个感染家鸡的小小病毒起家。

121页：…… 一位名叫多米尼克·斯第荷林（Dominique Stehelin）
的年轻的法国博士后研究员 ……
v-src 的鉴定取决于 Martin，Duesberg（他后来否认 HIV/AIDS），
Vogt，Hanafusa 及其同事们的发现，他们确定的 RSV 突变体比原
始的"野生型"病毒短 15%，尽管它仍然可以繁殖，但已经失去
了致癌的能力。Varmus 和 Bishop 推断，v-src 或包含在缺失的
15% 的基因中，于是就让 Stehelin 准备了一种放射性 cDNA 探针，
以补充从非癌性 RSV 突变体缺失的序列。然后，他们发现，他们
的 v-src 探针与正常细胞、乃至与关系遥远的走禽类物种的 DNA
紧密结合 [行话说"退火（annealed）"]。

121页：借鉴了 …… 沃格特 …… 和斯第荷林 ……，毕肖普和瓦
莫斯能够 ……
做过一个关键的实验后，Dominique Stehelin 不高兴了，因他的
名字从 1989 年宣布迈克·毕肖普（Mike Bishop）和哈罗德·瓦
莫斯（Harold Varmus）获得诺贝尔生理学-医学奖的名单中消失
了。诺贝尔奖委员会从未对此发表评论，但是他们的结论，大概
是他的贡献更加技术性和局限性，并且是在他的高级同事的监督
下做出的。不过，人生并不总是公平的，这对科学家来说通常如
此，而对鸡来说几乎总是如此。

第 14 章

124页：认为王室成员和欧洲贵族成员是"蓝血"的想法 ……
从缺氧的意义上说，静脉血当然是"精疲力尽"的，贵族血统会
因能量衰竭而终止，而"近亲繁殖"，无论是社会的还是身体的，
都会加剧这种情况。后者在某些"贵族"犬种中非常明显，在这
些犬种中，着眼于身体特征的特定组合的遗传可以导致选择出从
遗传和功能上来说都根本"不适存"的动物，甚至使动物遭受慢
性的病痛。

124页：英格兰的詹姆斯一世、也被称为苏格兰的詹姆斯六世（1566 — 1625）……

詹姆斯无疑是蓝血的，但据报道他也有蓝色的尿液，反映出色素 —— 胆色素原的存在，该色素通常会被胆色素原脱氨酶分解。然后，这种疾病再次出现在乔治·伊尔的曾曾曾孙格洛斯特（1941 — 1972）的威廉王子身上，他得到了可靠的诊断。

124页：维多利亚女王传递了涉及X染色体的血友病基因。

血友病基因可以追溯到维多利亚女王的女儿爱丽丝（与黑森州的路易斯结婚），然后是她的女儿（也叫爱丽丝），后者与俄罗斯的尼古拉斯二世结婚。他们的儿子阿列克谢（Alexei）的血友病帮助疯狂的神秘主义者格里戈里·拉斯普丁（Grigori Rasputin）对王室施加了相当大的影响，造成了紧张关系，最终导致了1917年"光荣革命"的爆发以及随后对罗曼诺夫家族的大规模杀害。教训是，最好让疯狂的神秘主义者远离治所。

125页：这一发现对于佩顿·劳斯建立血库以拯救第一次世界大战中受伤的士兵至关重要。

战后，由于担心奥地利的经济状况不允许他继续从事医学研究，兰德斯坦纳（Landsteiner）移居纽约，到1923年，他和佩顿·劳斯成为洛克菲勒研究所的同事。兰德斯坦纳于1930年获得诺贝尔奖，他的其他成就是首次分离出脊髓灰质炎病毒（与Erwin Popper合作），发现了人类M，N和P血型，及导致人类感染的立克次氏体（*Rickettsia prowazekii*）在培养基里的发展，就是这个微生物造成了人类的斑疹伤寒。要发现的东西太多太多，而当时的科学家还不那么专门化。

第 15 章

133页：…… 被送往吉朗的超高安全性澳大利亚动物健康实验室（AAHL）……

我见证了该设施的建设，并且是其科学咨询委员会的第一任主席。最近，他们成功地识别出许多由果蝠传播的全新的感染，例如Hendra和Nipah病毒感染，这些感染偶尔会杀死人类。

135页：阿诺德·泰勒 …… 是传染病研究的真正英雄。

在20世纪初期，这位瑞士出生的兽医创建了举世闻名的安德斯波特实验室（Onderstepoort，疫苗株），然后创立了比勒陀利亚兽医学校。泰勒（Theiler）是一位出色的疾病侦探，他发现了许多杀死非洲野生动植物和牲畜的传染性病原体，还开发了一些早期兽医疫苗。有整整一个属的讨厌生物以他命名，尤其是*Theileria parva*，这是一种引起非洲牛东海岸热的原生动物寄生虫。由于这种虫子的生命周期与疟疾相似，生活在白血球中而不是红血球中，导致本质上是致命的白血病。其他泰勒虫种也感染澳大利亚和美洲的牛，但是诸如*T. mutans*和*T. buffelei*等寄生虫侵入的是红细胞，对畜牧业的危害要小得多。

像通常一样，格里·斯旺（Gerry Swan）向我展示了一所令人印象深刻、设备齐全的现代兽医学校，然后，他带我过马路参观了阿诺德·泰勒（Arnold Theiler）的疫苗株实验室。主楼仍在，楼前有座伟人雕像。在办公室看看他和他的同事使用的笔记本和早期的简单实验室设备，是一种非同寻常的经历，就像穿越时间隧道。Theiler的房间保持了原状，大量纸张，抛光的木制品（柚木的），铜器和玻璃器皿，在现代实验室中，这些材料已被计算机、复合材料、塑料和不锈钢取代。

第 16 章

141页：从而导致禽类中毒……

我关于重金属毒性的唯一科学论文，做的是绵羊的病例，其后果是致命的肝损伤和脑损伤（海绵状脑病），可与人类威尔逊氏病相提并论。

第 17 章

147页：去多伦多参加盖尔德纳国际医学研究奖设立50周年庆典……众所周知，盖尔德纳奖（the Gairdners）是生物学-医学领域两个最重要的国家研究奖项之一，在预测未来的诺贝尔生理学-医学奖得主方面，成功率很高。这种"指标"地位也使"美国拉斯克奖"（the American Lasker Awards）获得了声望，这表明遴选委员会（像诺贝尔奖委员会一样）既有见识又工作勤勉。我们的渥太华访问小组由四个盖尔德纳-诺贝尔"双重威胁"组成：诚然如此，我的同伴有Rolf Zinkernagel，Bengt Samuelsson和Harald zur Hausen。Bengt发现了对炎症很重要的前列腺素，Harald则指出人乳头瘤病毒可导致女性宫颈癌，这是Ian Frazer

开发保护性疫苗的必要基础。

147页：在优雅的、修复一新的议会图书馆……
为填补两次活动之间留出的间隙，我们参观了国会图书馆。尽管精心制作于1876年的中央阅览室镶板在多年前的一场大火中被严重破坏 —— 大火烧毁了旧的议会大楼 —— 但馆长迅速采取行动，关闭了连通门，重要的书籍和记录得以保存无恙。其中至为贵重的藏品，便是奥杜邦的鸟画图版。

147页：藏品……主要包括由约翰·詹姆斯·奥杜邦（John James Audubon，1785 — 1851）在加拿大制作的彩绘。
2011年1月，J. J. Audubon的《美国鸟类》（*Birds of America*）的原版以超过700万美元的价格售出。

148页：艾伦向我展示了一些抽屉，里面装满了精心编目的、用砷剂保存的鸟类"皮肤"样品。
我5岁的时候，外公第一次带我参观博物馆，我天真地盯着那些揎起来的动物，从那时起，我就期盼着能看到动物标本剥制的技术，怎样把整只鸟以各种"自然"姿势摆放。公开展示中，一般会绕墙摆放一圈，但后来才知道，这只是科学收藏的一小部分。大多数鸟类被保存起一块圆形皮肤，有些收藏中，鸟类数量甚至达到数十万。首先去除身体组织和骨骼，然后以某种方式处理残留物，以防止细菌分解和褪色。在过去的日子里，首选的处理方法是用三氧化二砷或亚砷酸钠处理，这意味着必须谨慎处理此类标本。砷剂有助于保留鲜艳的色彩，幸运的是，还保留了完整的DNA。再想一想，我意识到，古老的印第安头饰上面所用的羽毛、蟒蛇等，也可能是DNA的重要来源，因此，拥有古董的人可能需要在热心的鸟类学家的帮助下，对藏品仔细加以保护。

151页：……然后去北方享受空窗季。
在九月下旬迁徙鹱鸟到达期间，通常会看到一些死鸟被水冲到海滩上。在其他月份中，我们偶尔会看到仙女企鹅的尸体，尽管它们显然在海洋温度升高的情况下在当地活得很好。不过，在

2009年11月，我们在常规的沙滩散步中遇到了10只死短尾鹱，第二天又遇到了50多只。我们吓坏了，问人才知道，至少从上个世纪以来，这种惨象一直在发生。一个可能的解释是，当鸟类从北方到达此处时，其体力已到了极限，假如这时候天气非常恶劣，或鱼类供应因某种原因而停滞，它们干脆无法以足够的速度重建体力。但事情真的是这样吗？对这样的周期性和不可预测的事件进行确定的分析需要大量的财力和人力资源，才能维持持续长期的监视、采样和测试。

第 18 章

157页：然而，鉴于铺天盖地、资金充足的虚假信息宣传活动已经迷惑了很多人……

谓予不信，请看内奥米·奥雷斯克斯（Naomi Oreskes）和埃里克·康威（Erik Conway）合著的《怀疑的商人：一小撮科学家如何掩盖从吸烟到全球变暖的真相》（*Merchants of Doubt: How a handful of scientists obscured the truth from tobacco smoke to global warming*）。科学的正当使命不在于欺骗和使公众困惑。这本书之所以如此重要，是因为它对案子做了非常仔细的文献记录。

160页：但到2010年，地球陆地和海洋的平均温度仍与2005年……持平。

以下内容直接摘自NOAA 2011年1月的报告：

▲2010年，全球陆地和海洋表面温度合计与2005年相近，是有记录以来最热的时期，比20世纪13.9 ℃（57.0 ℉）的平均值高0.62 ℃（1.12 ℉）。1998年是有记录以来第三高的年份，比20世纪的平均温度高0.60 ℃（1.08 ℉）。

▲2010年北半球陆地和海洋表面温度的总和是有记录以来最高的一年，比20世纪的平均温度高0.73 ℃（1.31 ℉）。同年，南半球的陆地和海洋表面温度总和是有记录以来第六高的年份，比20世纪的平均温度高0.51 ℃（0.92 ℉）。

▲2010年的全球地表温度与2005年并列第二，是有记录以来第二高的温度，比20世纪的平均温度高0.96 ℃（1.73 ℉）。有记录以来最温暖的时期发生在2007年，高于20世纪的平均温度0.99 ℃（1.78 ℉）。

▲2010年的全球海洋表面温度与2005年并列为有记录以来第三高的温度，比20世纪的平均温度高0.49℃（0.88 °F）。

▲2010年，厄尔尼诺-南方涛动发生了巨大变化，影响了全球的温度和降水模式。这年年初，中等至强的厄尔尼诺现象在7月之前转变为拉尼娜现象。11月底，拉尼娜（La Nina）中度到强度。

第 19 章

172页：又有什么场面比一只鸬鹚从半空倏然坠落、垂直地扎入海中更具戏剧性呢？

当然，在有些亚洲国家，这种能力被人利用了。渔夫将圈套固定在鸬鹚脖子的底部，让它只能吞下小鱼，大鱼则卡在喉咙中，由渔夫收获。像猎鹰一样，这种传统捕鱼方式几乎没有干扰大自然的平衡。

汉英鸟类俗名与拉丁文学名对照表

海雀（puffin）

扁嘴海雀（marbled murrelets）*Brachyramphus marmoratus*

出角海雀（horned puffin）*Fratercula corniculata*

大海雀（the great auk，已灭绝）*Pinguinus impennis*

凤头海雀（tufted puffin）*Fratercula cirrhata*

犀角小海雀（rhinoceros auklet）*Cerorhinca monocerata*

鹤（crane）

黑颈鹤（black-necked crane）*Grus nigricollis*

火烈鸟（Chilean flamingo）*Phoenicopterus chilensis*

鸡，家鸡（domestic chicken）*Gallus domesticus*

鹌鹑（domestic quail）*Coturnix species*

火鸡（domestic turkey）*Meleagris gallopavo gallopavo*

水鸡（waterhen）

小草原鸡（the lesser prairie chicken）

雉鸡（domestic pheasant）*Phasianus colchicus*

松鸡（grouse）

红松鸡（red grouse）*Lagopus scotica*

秧鸡（crake）*Rallidea* 一族为沼地鸟类，*Porzana* 一属的为常见。

鸠，斑鸠（dove）

鸽子（pigeon）

北美旅鸽（North American passenger pigeon，已灭绝），*Ectopistes migratorius*

泥鸽（clay pigeons）

羽冠鸽（crested pigeon）*Ocyphaps lophotes*

海鸠（pigeon guillemots）*Cepphus columba*

巨嘴鸟，鵎鵼（toucan）巨嘴鸟属 *Ramphastos*，约八个种

巨嘴鵎鵼（toco toucan）*Ramphastos toco*

鸬鹚（cormorant）

大鸬鹚（great cormorant）*Phalacrocorax carbo*

鸥，海鸥（gull）

大黑头鸥（great black-headed gull）*Larus ichthyaetus*

鸽形海鸦（pigeon guillemots）

太平洋海鸥（Pacific gull）*Larus pacificus*

燕鸥（tern）

北极燕鸥（Arctic tern）*Sterna paradisaea*

黑诺第燕鸥（black noddy tern）*Anous minutus*

南非燕鸥（South African tern）

短尾鹱（short-tailed shearwater,mutton-bird）*Puffinus tenuirostris*

楔尾鹱（the wedge-tailed shearwater）*Puffinus pacificus*

企鹅（penguin）

帝企鹅（emperor penguin）*Aptenodytes forsteri*

仙女企鹅（fairy penguin）*Eudyptula minor*

雀（小型鸟类）

八哥（mynas）

斑胸草雀（zebra finch）*Taeniopygia guttata*

纺织鸟（weaver bird）雀形目文鸟科 *Ploceidae*

黑头莺（blackcap）*Sylvia atricapilla*

花斑霸鹟（pied flycatchers）*Ficedula hypoleuca*

椋鸟，八哥（starling）

牛椋鸟（red-billed oxpecker）*Buphagus erythrorhynchus*

欧椋鸟，燕八哥（European starling）*Sturnus vulgaris*

麻雀（house sparrow）*Passer domesticus*

金丝雀（canary）

蜜旋木雀（honeycreeper）

日本白眼（Japanese white-eye）

食蜜鸟（red wattlebird）*Anthochaera carunculata*

夏威夷绿雀（Amakihi）*Hemignathus virens*

燕子（swallow）

云雀（lark）雀形目百灵科 *Alaudidae*

云雀，百灵（skylark）*Alauda arvensis*

知更鸟（robin）

蓝知更鸟（blue bird）

美洲知更鸟（American robin）

食蚁鸟（dusky antbird）*Cercomacra tyrannina*

鹈鹕（pelican）

美洲褐鹈鹕（American brown pelican）*Pelicanus occidentalis*

鸦，乌鸦（crow）

白嘴鸦（rook）*Corvus frugilegus*

渡鸦（common raven）*Corvus corax*

小渡鸦 *Corvus mellori*

冠鸦（hooded crows）*Corvus cornix*

黄嘴喜鹊（the yellow-billed magpie）*Pica nuttalli*

美洲乌鸦（American crow）*Corvus brachyrhynchos*

松鸦（jay）

西部灌丛松鸦（western scrub jay）*Aphelocoma californica*

鸭（duck）

斑头雁（bar-headed goose）*Anser indicus*

鹅（goose）

加拿大雁（Canada goose）*Canada granadensis*

潜鸭（pochard）*Aythya species*

翘鼻麻鸭（ruddy shelduck）

呜呜天鹅（whooper swan）*Cygnus cygnus*

鹦鹉（parrot）

鹦鹉一族（psittacines）

白色凤头鹦鹉（white or sulphur-crested cockatoo）*Cacatua galerita*

黑色凤头鹦鹉（black cockatoo）*Calyptorhynchus funereus*

卡纳比氏白尾黑鹦鹉（Carnaby's white-tailed black cockatoo）*Calypto-rhynchus latirostris*

玫瑰凤头鹦鹉（rose-breasted cocktoo）*Eolophus roseicapilla*

相思鹦鹉，虎皮鹦鹉（shell budgerigar）*Melopsittacus undulatus*

鹰（eagle，和其他猛禽）

白头海雕（bald eagle）*Haliaeetus leucocephalus*

花斑白头海雕（white pie bald eagle）

秃鹰（vulture）

非洲白背秃鹰（African white-backed vulture）*Gyps africanus*

非洲大胡子秃鹰（African bearded vulture）*Gypaetus barbatus*

格里芬兀鹫（griffon vulture）*Gyps fulvus*

印度秃鹰（Indian vulture）*Gyps indicus*

加利福尼亚秃鹰，康多鹰，神鹰（California condor）*Gymnogyps californianus*

猎鹰（hen harrier）*Circus cyaneus*

猫头鹰（owl）

隼（hawk）

鹬

大鹬（great knots）*Calidris tenuirostris*

红鹬，红胸矶鹬（red knot，red-breasted sandpiper）*Calidris canutus*

红胸矶鹬的 *Calidris canutus rufa* 亚种

走禽

鸸鹋（emu）

几维鸟（Kiwi）

美洲鸵（rhea）

食火鸡（cassowary）鹤鸵属 *Casuarius*

澳大利亚食火鸡（Austrilian cassowary）

缇娜姆，灰缇娜姆（gray tinamou）

缇娜姆，侏儒缇娜姆（dwarf tinamou）

鸵鸟（ostrich）

缩略语表

AAHL—Australian Animal Health Laboratory, Geelong, Victoria 澳大利亚动物健康实验室，维多利亚州，吉朗

ABO—human blood group polysaccharides (sugars) 人血型多糖

AFIP—Armed Forces Institute of Pathology (US) 美国武装部队病理研究所

B 细胞—lymphocyte, or white blood cell, that develops in the avian Bursa of Fabricius 淋巴细胞或白细胞，在禽法氏囊中发育

B 基因座—avian MHC locus 禽类 MHC 基因座

BAL—British anti-Lewisite 英国抗路易斯毒气剂

CDC—Centers for Disease Control and Prevention (US), formerly the Communicable Diseases Center, Atlanta, Georgia 美国疾病控制和预防中心，前身是乔治亚州亚特兰大的传染病中心

cDNA—complementary DNA 互补 DNA

CJD—Creutzfeldt-Jacob disease 克-雅氏病

DNA—deoxyribose nucleic acid 脱氧核糖核酸

FDA—Food and Drug Administration, the US agency that licenses vaccines and drugs 美国食品药品监督管理局，疫苗和药品认可机构

FRS—Fellow of the Royal Society of London, the British National Academy of Sciences, and the oldest in the English-speaking world 伦敦王家学会会员，即英国国家科学院院士，是英语国家中最古老的

H2-KDL—mouse class I MHC genetic loci 小鼠 I 类 MHC 遗传基因座

H—haemagglutinin 血凝素

HLA-ABC—human lymphocyte class I MHC genetic loci 人淋巴细胞 I 类 MHC 遗传基因座

IUCN—International Union for the Conservation of Nature 国际自然保护联盟

JCSMR—John Curtin School of Medical Research 约翰·科廷医学院

JEV—Japanese encephalitis virus 日本脑炎病毒

JFK—John F. Kennedy International Airport, New York 肯尼迪国际机场，纽约

LI—louping-ill virus 跳跃病病毒

MDV—Marek's disease virus 马立克氏病病毒

MHC—major histocompatibility complex 主要组织相容性复合体

MVE—Murray Valley encephalitis virus 墨瑞谷脑炎病毒

NASA—National Aeronautics and Space Administration (USA) 美国国家航空航天局

NOAA—National Oceanographic and Atmospheric Administration (USA) 美国国家海洋与大气管理局

NSAID—non-steroidal anti-inflammatory drug 非甾体类抗炎药

ppm—parts per million 百万分之一

RDE—receptor destroying enzyme 受体破坏酶

RNA—ribose nucleic acid 核糖核酸

ROM—Royal Ontario Museum 安大略省王家博物馆

RRV—Ross River virus 罗斯河病毒

RSV—Rous sarcoma virus 卢氏肉瘤病毒

T 细胞—lymphocyte, or white blood cell, that develops in the thymus 在胸腺中发育的淋巴细胞或白细胞

TB—tuberculosis 结核病

UN—United Nations 联合国

USPHS—United States Public Health Service 美国公共卫生服务局

WEHI—Walter and Eliza Hall Institute 沃尔特和伊丽莎·霍尔学院

WHO—World Health Organization 世界卫生组织

WNV—West Nile virus 西尼罗河病毒

YFV—yellow fever virus 黄热病病毒

鸣　谢

我感谢我的MUP编辑和出版商Lucy Davison，Cathy Smith，Col-lette Vella和Louise Adler，我的经纪人Mary Cunnane和我的妻子Penny，他们费心阅读了好几个稿本。墨尔本大学的Rob Day向我介绍了仍在继续的夏威夷疟疾灾难，而剑桥大学的Jim Kaufman更新了我对鸡免疫遗传学的理解，并评论了我在该主题上的文章。在本书动笔之初，来自墨尔本大学和维多利亚博物馆的兽医科学学院的同事帮我理清了想法，并给我介绍了可以提供有用见解的专家。Micheline Morgan惠然许我介绍她令人愉快的未刊诗作。Jim Morgan和Alexis Beckett提供了有益的讨论。在本书讲述的故事中，有许多重要人物与我讨论了他们的工作，并费心纠正我写的东西。在这方面，我要感谢Gerry Swan，Ralph Doherty，Holly Earnest，Tom Monath，Hugh Reid，Ian Frazer，Rob Webster，Chuck Sherr，Allan Baker，Lynda Chambers和Nicky Clayton，感谢他们的帮助和出色的工作，让这本书的科学知识更加瓷实。Francis Brodsky从遗传学家的角度阅读了手稿，他也是一位热情的观鸟者。这本书只有一小部分是直接来自我自己的领域，所以，对我来说，本书所叙也有很多是新知识。探索广泛的主题所带来的真正乐趣之一，就是在具有创新意义和想象力的科学领域里学习，这样的学习有可能为我们所有人增闻广见。这些都是了不起的故事，却很少受到关注。它们让我为之着迷，我希望它们也能引起您同样的兴趣。

Fraser Simpson（第1，7，12章题图）

Ian Faulkner（鸟类呼吸系统示意图）

Mieke Roth（第3章题图）

©Can Stock Photo Inc./Morphart（第4，13章题图）

Joern Lehmhus（第8章题图）

Christopher M. Goldade（第10章题图）

Douglas Pratt（第11章题图）

©Can Stock Photo Inc./tobkatrina（第14章题图）

Keith Hansen（第16章题图）

Jane Milloy（第18章题图）

Phyllis Saroff（第19章题图）

译者说明

　　本书2012年初版，2013年修订再版。我们得到的电子版是2012年初版的。译者基本据电子版翻译，参考新版，予以补缀。工作过程中发现，增补的内容不多，基本是关于公民参与的号召、技术指导和公民与科研机构的互动指南。谆谆言之，再三致意，但也影响到行文和比例感。于这等地方，我们翻译时做了些许处理，望读友见谅。

　　另，本书附有长达11页的参考书目和15页的事项及专名索引。臆参考书目所列书籍，汉文读者未必有条件接触；而诸多专名，我们已在文中全数随注。今皆略去。

译者

2020年2月20日

图书在版编目（CIP）数据

人鸟与共 / （澳）彼得·多尔蒂著；李绍明译. —长沙：湖南科学技术出版社，2021.10
（第一推动丛书. 生命系列）
书名原文：Sentinel Chickens
ISBN 978-7-5710-1067-6

Ⅰ.①人… Ⅱ.①彼… ②李… Ⅲ.①鸟类—普及读物 Ⅳ.① Q959.7-49

中国版本图书馆 CIP 数据核字（2021）第 129262 号

Sentinel Chickens
text © Peter Doherty, 2012
design and typography © Melbourne University publishing limited, 2012

湖南科学技术出版社独家获得本书简体中文版出版发行权
著作权合同登记号：18-2021-228

第一推动丛书·生命系列
RENNIAO YUGONG
人鸟与共

著者
［澳］彼得·多尔蒂

译者
李绍明

策划编辑
吴炜 孙桂均 李蓓 杨波

责任编辑
孙桂均 吴炜

出版发行
湖南科学技术出版社

社址
长沙市芙蓉中路一段 416 号泊富国际金融中心
http://www.hnstp.com

湖南科学技术出版社天猫旗舰店网址
http://hnkjcbs.tmall.com

印刷
长沙鸿和印务有限公司

厂址
长沙市望城区普瑞西路858号

邮编
410200

版次
2021 年 10 月第 1 版

印次
2021 年 10 月第 1 次印刷

开本
880mm × 1230mm 1/32

印张
7.25

字数
168 千字

书号
ISBN 978-7-5710-1067-6

定价
49.00 元